Die Embryogenese des Gehirns paurometaboler Insekten

Untersuchungen an *Carausius morosus* und *Periplaneta americana*

Von der Universität Stuttgart (T.H.) zur Erlangung der

Würde eines Doktors der Naturwissenschaften (Dr. rer. nat.)

vorgelegt von

Peter Malzacher

geboren zu Stuttgart

Hauptberichter: Professor Dr. PFLUGFELDER

Mitberichter: Professor Dr. ARNOLD

Tag der Einreichung: 20. Dezember 1967

Tag der mündlichen Prüfung: 26. Januar 1968

1968

ISBN 978-3-662-40936-7   ISBN 978-3-662-41420-0 (eBook)
DOI 10.1007/978-3-662-41420-0

Sonderdruck aus

Zeitschrift fur Morphologie der Tiere

Bd. 62, Heft 2, S. 103—161 (1968)

Springer-Verlag Berlin Heidelberg GmbH

Druck der Universitätsdruckerei H.Stürtz AG, Würzburg

Z. Morph. Tiere 62, 103—161 (1968)

Die Embryogenese des Gehirns paurometaboler Insekten
Untersuchungen an *Carausius morosus* und *Periplaneta americana**

Peter Malzacher

Zoologisches Institut der Universität Stuttgart (T.H.)

Eingegangen am 26. März 1968

The Embryonic Development of the Brain in Paurometabolic Insects
A Study on Carausius morosus and Periplaneta americana

Abstract. The origin of the neuroblasts and their further development is investigated as to the arrangement and formation of functional groups. These groups are visible mainly in the protocerebrum with its highly developed centers. Moreover the development of brain-parts and -structures is described. These researches finally allow some remarks concerning head segmentation.

Inhalt

* Inauguraldissertation der Naturwissenschaftlichen Fakultät der Universität Stuttgart (TH).

A. Einleitung

Nachdem in der zweiten Hälfte des vorigen Jahrhunderts der Aufbau und die grobe Struktur des Insektengehirns bei verschiedenen Vertretern untersucht worden waren, gingen zuerst Korotneff (1885), Graber (1889), Viallanes (1889) und Wheeler (1891, 1893) auch auf die Embryonalentwicklung ein. Neben der Entwicklung der Gehirnabschnitte beschrieben diese Autoren auch den Teilungsmodus der großen „gangliogenen Zellen", die durch dauernde inäquale Teilung lange Zellreihen aus sich hervorgehen lassen. Wheeler führte für die großen Zellen die Bezeichnung „Neuroblasten" ein. Er übernahm den Begriff aus der Entwicklungsgeschichte der Anneliden, wo Whitman bereits 1878 die zwei Makromeren des *Clepsine*-Eies, aus denen im weiteren Verlauf die Zellen des Nervensystems hervorgehen, als Neuroblasten bezeichnete.

Heute trifft man den Begriff ganz allgemein in der Ontogenie des Nervensystems. So bezeichnet z.B. Bargmann alle noch nicht endgültig ausdifferenzierten Ganglienzellen als Neuroblasten. Diese Definition geht auf His (1889) zurück. Auch bei den Arthropoden werden neurogene Elemente, bei denen keine inäqualen Teilungen, oder zumindest keine Zellreihenbildungen zu beobachten sind, als Neuroblasten bezeichnet. Solche Zellen treten u.a. häufig bei der Entwicklung des imaginalen Gehirns holometaboler Insekten auf.

In der vorliegenden Arbeit soll nur solchen neurogenen Zellen, die sich inäqual teilen, also in Größe und Struktur deutlich von ihren Tochterzellen abweichen, die Bezeichnung Neuroblasten zukommen. Durch den typischen teloblastischen Teilungsmodus nehmen sie sowohl unter den Blastemzellen der Arthropoden als auch in der Entwicklung des Nervensystems aller Tiere eine Sonderstellung ein, die eine eigene Bezeichnung rechtfertigen würde.

Um die Jahrhundertwende und etwas später befaßten sich u.a. Heymons (1895), Strindberg (1913) und Bauer (1904) mit der Gehirnentwicklung der Insekten, der letztgenannte Autor jedoch vorwiegend mit der Larvalentwicklung, welche in der Folgezeit mehr das Interesse der Bearbeiter auf sich zog (Baldus, 1924; Bierbrodt, 1942; Bott, 1928; Schrader, 1938, und Umbach, 1934). Embryologische Arbeiten aus dieser Zeit stammen von Baden (1936) und Roonwal (1936/37).

Aus neuerer Zeit liegen vor allem von Panov (1960—1963) Arbeiten vor, die sich ausschließlich mit der Ontogenese des Insektengehirns befassen. Daneben wurde die Entwicklung und das Wachstum des Gehirns aber hauptsächlich im Hinblick auf andere, aktuelle Probleme, untersucht. Hinsichtlich der Gehirnleistungen von Tieren mit verschiedenen Lebensformen war die Größenzunahme der einzelnen Gehirnteile während der Ontogenese (hauptsächlich der Larvalentwicklung) von Interesse. Hier sind die Arbeiten der RENSCH-Schüler LUCHT-BERTRAM (1962), HINKE (1961) und NEDER (1959) zu nennen.

Das Problem der Segmentierung des Arthropodenkopfes birgt, trotz mehrfacher, umfassender Bearbeitung des gesamten Gebietes, noch zahlreiche Unklarheiten und vor allem krasse Widersprüche in der Auffassung der einzelnen Bearbeiter. Daher war es nötig, die Ontogenese solcher Organsysteme, die phylogenetisch aus segmental angeordneten Organen hervorgegangen sind, genau zu untersuchen, wobei u. a. auch die Embryonalentwicklung des Gehirns in den Brennpunkt des Interesses rückte. Die Klärung der gesamten Entwicklung bis zu den Strukturen der adulten Organismen sollte sichere Homologisierung mit anderen Arthropodengruppen, deren metamere Verhältnisse weitgehend geklärt waren, ermöglichen (SIEWING, 1963). Diesbezügliche Untersuchungen bei Insekten machte SCHOLL (1964) an *Carausius*. Die Vielzahl der Veröffentlichungen, die im Rahmen von Untersuchungen zum Segmentierungsproblem bei den verschiedensten Arthropodengruppen auch auf die Embryonalentwicklung eingehen, können hier nicht angeführt werden.

In der vorliegenden Arbeit werden die frühesten Anlagen des Gehirns und die Weiterentwicklung der einzelnen Teile untersucht. Die Anordnung und das Verhalten der Neuroblasten soll dabei besonders berücksichtigt werden. Es ist zu erwarten, daß diese Fakten weitere Indizien für die segmentale Aufgliederung des Vorderkopfes liefern, oder zumindest die bereits vorliegenden Ergebnisse unterstützen können. Zunächst soll aber die frühembryonale Entstehung der Neuroblasten aus der ektodermalen Schicht geschildert werden, da diese Vorgänge bisher nicht bis ins Detail beschrieben wurden.

Herrn Prof. Dr. PFLUGFELDER, der mir das Thema zu dieser Arbeit stellte und der zu ihrem Gelingen durch wertvolle Hinweise und ständige Anteilnahme wesentlich beitrug, möchte ich meinen herzlichen Dank aussprechen. Ebenso danke ich Herrn Prof. Dr. GRIM für die Überlassung eines Arbeitsplatzes im Betriebslabor der Bodensee-Wasser-Versorgung.

B. Material und Methoden

Zur Untersuchung gelangten Embryonen der Stabheuschrecke *Carausius morosus* (Car.) und der Schabe *Periplaneta americana* (Per.). Die starke Vermehrung dieser Tiere, bei *Carausius* durch die Parthenogenese begünstigt, machen sie für embryologische Untersuchungen besonders geeignet. *Carausius* zeigt zudem sehr klare, histologische Bilder. Da bei *Periplaneta* die Eier in Kokons abgelegt werden, erhält man pro Kokon eine größere Anzahl von Objekten, von denen ungefähr gleiches Alter angenommen werden kann.

Zur Fixierung der Embryonen eignete sich ein Gemisch von gesättigter Sublimatlösung und Eisessig im Verhältnis von 15:1 (nach LANG). Die Eier von *Carausius* wurden vorher vom Deckelchen und einem Teil der harten Schale befreit und das Endochorion zum besseren Eindringen des Fixiergemisches durchstochen. Die Kokons von *Periplaneta* wurden an der Naht oder gegenüber (je nach Alter und Lage der Embryonen) eröffnet. Bei einer Temperatur von ungefähr 60° C wurde dann 45 min lang fixiert. Die restlichen Präparationen wurden anschließend in 70%igem Alkohol vorgenommen. Die Keime mußten weitgehend vom Dotter befreit werden, was bei älteren Embryonen auch schon vor der Fixierung in physiologischer Kochsalzlösung geschehen konnte. Eine vorläufige Färbung der Objekte in einer Lösung von Eosin in 95%igem Alkohol war nötig, um ihre Orientierung im Paraffinblock zu erleichtern. Anschließend wurden die Keime gezeichnet, um auch nach dem Schneiden ihr Alter noch bestimmen zu können. Die 6 μ dicken Schnitte wurden mit Eisenhämatoxylin nach Heidenhain gefärbt und mit Säurefuchsin gegengefärbt.

Um die Lage der einzelnen Ganglienanlagen, ihre Beziehungen zueinander sowie die Anordnung der Neuroblasten zu ermitteln, mußten in vielen Fällen die geschnittenen Objekte aus den Schnittserien rekonstruiert werden. Dazu wurden die einzelnen Schnitte auf Transparentpapier gezeichnet und jeweils mehrere hintereinander im durchscheinenden Licht betrachtet. Eine andere Methode, die ein recht gutes, räumliches Bild der Neuroblastenanordnung ergab, bestand darin, die Schnitte auf Glasplatten zu zeichnen, die aufeiandergelegt wurden. Die so gewonnenen durchsichtigen Glasmodelle der Gehirnanlagen waren zur Klärung vieler Fragen sehr nützlich, konnten aber leider nicht photographisch wiedergegeben werden, da hierbei ihre räumliche Wirkung verlorenging.

Die in der Arbeit verwendeten Lagebezeichnungen beziehen sich immer auf die morphologischen Verhältnisse beim jungen Embryo vor der Aufbiegung des Vorderkopfes (z.B.: die Lage der Corpora pedunculata wird immer als frontal beschrieben, auch wenn sie auf späterem Stadium dorsal oder gar, wie bei *Carausius*, caudal liegen). Bezeichnungen der Schnittebene beziehen sich auf die Achsen des Gehirns, unabhängig davon, wie sich dessen Lage im Kopf ändert.

C. Entwicklungsstadien

Es soll hier versucht werden, die Entwicklung von *Carausius* und *Periplaneta* anhand morphologischer Merkmale der Keime sowie der Lage im Ei in verschiedene Altersstufen unterzuteilen, um damit für Vergleiche, Altersangaben und zur Darstellung chronologischer Abläufe eine Basis zu schaffen.

Stadium A (Abb. 1a und b). An dem zunächst strukturlosen Keim werden im Laufe dieses Stadiums der Mund und die Konturen von Oberlippe und Extremitäten sichtbar.

Stadium B (Abb. 1c, d, g und h). Die Extremitätenanlagen wölben sich als zunächst runde, später ovale Scheiben, ventral aus der Keimebene vor.

Stadium C (Abb. 1e, f und i). Die Differenzierung der Extremitäten beginnt. Die Maxillen werden zweiteilig.

Stadium D. Die erste Maxille wird dreiteilig und zeigt am Ende der Phase einen länglichen Maxillarpalpus.

Stadium E. Die basalen Teile der Maxillen wachsen lappenförmig nach caudal aus.

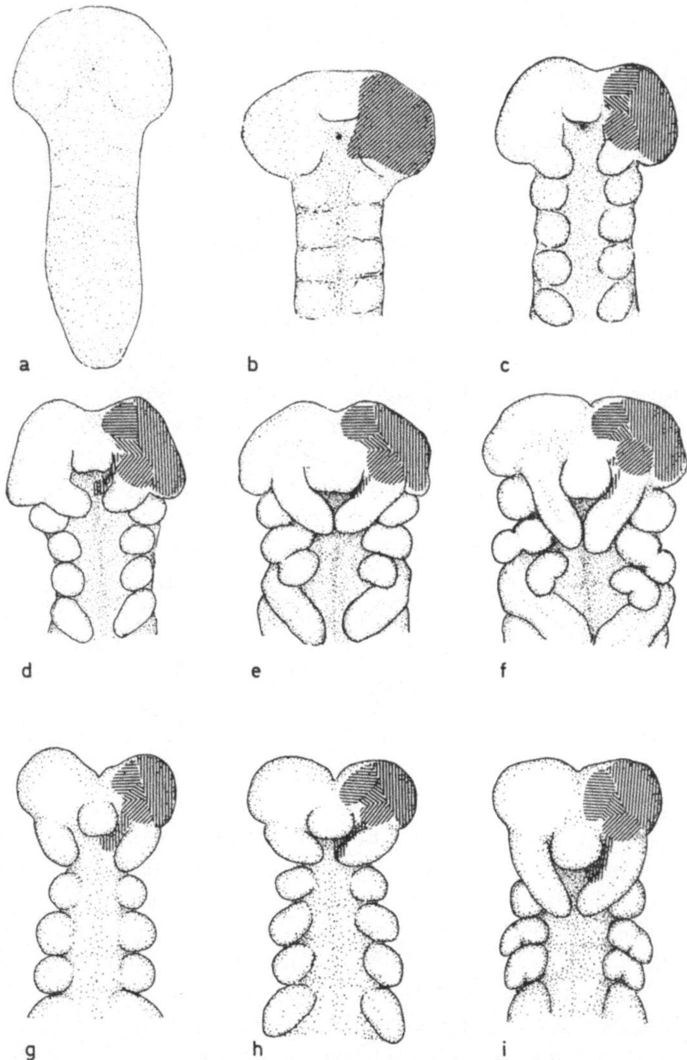

Abb. 1a—i. Embryonen in verschiedenen Stadien der Frühentwicklung. a Stadium
A1; b Stadium A2; c Stadium B1; d Stadium B2; e Stadium C1; f Stadium C2
(*Carausius*); g Stadium B1; h Stadium B2; i Stadium C (*Periplaneta*). — b In der
rechten Kopfhälfte ist das Gebiet, in dem die Neuroblasten der Gehirnanlage entstehen, schräg schraffiert; c—i zeigt die Lage der Zentren und der daraus hervor-
gegangenen Gehirnteile. ▥ Zentrum 0, ▤ Zentrum 1A, ▧ Zentrum 1B,
▨ Zentrum 2, ▥ (median) Zentrum 3 (A + B)

Stadium F. Der Keim zeigt ein starkes Wachstum. Er nimmt ungefähr
$^1/_4$ des Eivolumens ein. Die Ausdehnung zum Vorderpol des Eies und die
Umwachsung des Dotters beginnt.

Stadium G. Der Keim umwächst den Dotter bis auf das vordere Viertel.

Stadium H. Der Rückenschluß wird beendet. Der Hinterrand des Kopfes ist noch deutlich vom Thorax getrennt.

Stadium I. Kopf und Thorax haben sich dicht aneinandergelagert; der Hinterrand bildet eine durchgehende Linie.

Spätere Stadien können auf diese Weise nicht mehr beschrieben werden, da keine bei beiden Arten übereinstimmende Merkmale mehr gefunden werden können.

D. Die Neuroblasten

1. Entstehung

Untersuchungen zur Genese der Neuroblasten wurden besonders an *Carausius* durchgeführt, da hier die Keimstreifen weit klarere histologische Bilder lieferten als bei *Periplaneta*. Nur in Einzelfällen wurden auch Befunde dieser Art hinzugezogen. Die beiden Arten zeigen weitgehende Übereinstimmung.

Die Neuroblasten sind Abkömmlinge des Ektoderms. Sie gehören zu den ersten Differenzierungen des äußeren Keimblattes und ihre Bildung fällt somit in die frühesten hier beschriebenen Stadien der Embryonalentwicklung. In der frisch formierten, herzförmigen Keimscheibe sind noch keine unterschiedlich gestalteten Zellen festzustellen. Die Kerne haben alle ungefähr die gleiche Größe, eine runde bis leicht ovale Form und gleichen Chromatingehalt. Der ganze Keimstreif, der ungefähr die doppelte Breite des durchschnittlichen Kerndurchmessers hat, wird von ihnen erfüllt, so daß sie stellenweise in 2 Schichten übereinanderliegen. An Querschnitten durch dieses Stadium fällt auf, daß Mitosen immer an der ventralen Peripherie des Keimes liegen, wobei ihre Teilungsebenen fast ausschließlich senkrecht zur Keimoberfläche liegen.

Im frühen Stadium A (Abb. 2) werden diese peripheren Teilungen noch häufiger. Das obere Blatt hat an Dicke gewonnen, so daß jetzt mitunter 3 oder 4 Kerne übereinanderliegen. Es hat ganz den Anschein, als ob die Mehrreihigkeit des ektodermalen Blattes durch passive Verschiebung des Zellmaterials zustande kommt. Da keine Teilungen parallel zur Oberfläche des Keimes stattfinden, wird ein Teil der Tochterzellen von der Peripherie nach innen verdrängt. Damit dürfte sich auch die Zugehörigkeit noch undifferenzierter Zellen zu später sich bildenden Ektodermderivaten jetzt schon entscheiden.

Bald zeigen sich in den beiden Kopflappen Stellen, die durch plasmareichere Zellen und größere, chromatinärmere Zellkerne ausgezeichnet sind (Abb. 2, *BZ*): die Bildungszentren für das Nervenmaterial des Kopfes. Die peripheren Mitosen sind jetzt hauptsächlich um diese Zentren herumgruppiert. Einige Zellen, die meist an der Dorsalseite des Ektoderms liegen, nehmen an Volumen zu und runden sich merklich ab, wobei auch die Kerne eine meist kugelige Gestalt annehmen. Durch diesen Vorgang werden die benachbarten Zellen etwas zusammengedrückt und abgeflacht. Ihre Kerne nehmen längliche Gestalt an und sind mit ihrer Längsachse dorsoventral orientiert. Es bilden sich also Einheiten, die aus einer abgerundeten Zelle (Zentralzelle) und aus mehreren, diese umhüllenden, flachen Zellen (Randzellen) bestehen, und die, da hier im weiteren Verlauf die Neuroblasten gebildet werden, als neurogene Gruppen bezeichnet werden sollen („pale spots" oder „clusters" bei WHEELER, 1891, 1893).

Die Anordnung zu solchen Gruppen wird in der Folgezeit immer klarer erkenntlich. Besonders treten jetzt die Begrenzungen der einzelnen Zellen deutlich hervor, so daß der zwiebelartige Aufbau der neurogenen Gruppen gut zu erkennen ist (Abb. 3). Zellen, die ventral, meist über den Zwischenräumen der neurogenen Gruppen liegen, gehören zum dermatogenen Gewebe.

Die Zentralzellen sind nicht identisch mit den Neuroblasten, denn es finden in den neurogenen Gruppen noch Differenzierungsvorgänge statt, die allerdings oft schwierig zu deuten sind. Fest steht jedenfalls, daß die Zentralzellen sowohl bei *Carausius* als auch bei *Periplaneta* noch äquale Teilungen durchlaufen (Abb. 3—5). Die Teilungsebenen liegen in allen beobachteten Fällen in der Ebene des Keimes, also senkrecht zu denen der peripheren Mitosen. Es resultieren hieraus zwei übereinanderliegende Tochterzellen, deren meist etwas ovale Kerne mit ihrer Längsachse in der Keimebene liegen (Abb. 4 und 5). Auch zeichnen sie sich durch feine, gleichmäßige Chromatinverteilung aus. Hier haben wir nun die endgültigen Neuroblasten vorliegen, die sich fortan nur noch inäqual teilen. (Diese Art der Neuroblastenbildung konnte auch in den Ganglien des Gnathocephalon und des Thorax beobachtet werden.) Während dieser Vorgänge, hauptsächlich im späten Stadium A, trennen sich nun die Zentralregionen mehr und mehr von den Randzellen, dergestalt, daß deren Kerne ventralwärts zurückweichen (Abb. 4) und sich allmählich mit der ventralen dermatogenen Schicht vereinigen. Zweifellos werden sie später alle zu Epidermiszellen. Dadurch rücken die zentralen Teile benachbarter Gruppen immer dichter zusammen (Abb. 5). Trotzdem ist das Blatt, dessen Breite stark zugenommen hat, immer noch einschichtig. Lange Plasmaausläufer erstrecken sich bis zur Basis der ektodermalen Schicht und umhüllen die Zentralzellen und die Neuroblasten.

Die hier geschilderten Vorgänge stellen also eine Art Entmischung von dermatogenem und neurogenem Material dar. Obwohl die Tendenz, die im Falle der Zentralzellen letzlich zu Neuroblasten und bei allen anderen Elementen zu Epidermiszellen führt, schon zu erkennen ist, sind die beiden Komponenten doch noch aufs engste miteinander verbunden und stellen eine, vermutlich auf chemischen und mechanischen Wechsel-

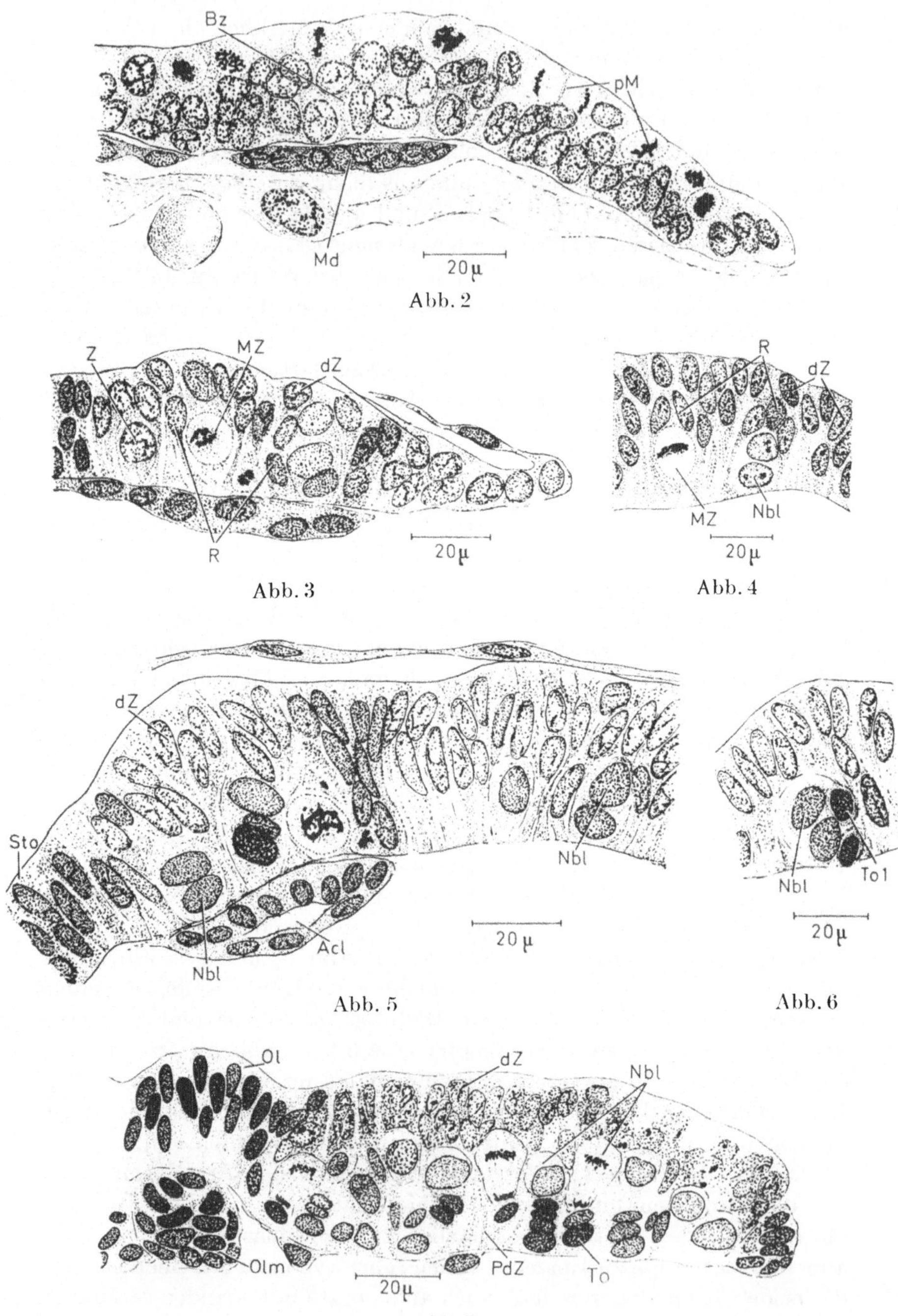

Bz
pM
Md
20μ
Abb. 2
Z
MZ
dZ
R
R
dZ
MZ
Nbl
20μ
Abb. 3
20μ
Abb. 4
dZ
Sto
Nbl
Acl
Nbl
20μ
Abb. 5
Nbl
To1
20μ
Abb. 6
Ol
dZ
Nbl
Olm
PdZ
To
20μ
Abb. 7

wirkungen basierende, Differenzierungseinheit dar. Man kann also die abwandernden Randzellen noch nicht als endgültige, sondern höchstens als prospektive epidermale Zellen auffassen. Das geht u. a. schon daraus hervor, daß sie mit ihren blassen, chromatinarmen Kernen ganz anders aussehen als die endgültigen epidermalen Zellen desselben Stadiums (z. B. Zellen der Oberlippenanlage). Übrigens kann eine solche, wenn auch immer schwächer werdende Wechselwirkung auch noch bei älteren Stadien vermutet werden, wo noch eine innige Verbindung der dermatogenen Schicht mit weiten Teilen der Gehirnanlage besteht (Abb. 8, 9 und 17).

Außerhalb der ersten, median gelegenen Gehirnbildungszentren, setzt die Neurogenese etwas später ein. Hier kommt es dann, da jetzt die Zellkerne schon alle ventral liegen, zu einer Versenkung einzelner Zellen in die dorsale Region der ektodermalen Schicht. Ob solche Zellen ebenfalls äquale Teilungen durchlaufen, oder ob sie sich direkt zu Neuroblasten differenzieren, konnte nicht beobachtet werden.

Angaben zur Entstehung der Neuroblasten macht bereits WHEELER (1891, 1893). Er beschreibt helle Flecke (pale spots, clusters), die er an Totalpräparaten von sehr jungen *Xiphidium*-Embryonen in den Kopflappen feststellen konnte. Auf Querschnitten erkannte er in ihnen einzelne oder mehrere große Zellen, die er als Neuroblasten bezeichnete. Die „clusters" lösen sich später auf und die Neuroblasten breiten sich gleichmäßig in einheitlicher Lage über die Kopfregion aus. Diese Gebilde sind sicher mit den neurogenen Gruppen identisch, zumal WHEELER einen die großen Zellen umhüllenden Ring von kleinen Elementen feststellen konnte. Über Differenzierungsvorgänge oder Teilungen in den Gruppen waren aber weder bei ihm Angaben zu finden noch bei STRINDBERG, der 1913 die Neuroblastenbildung im Bauchmark von *Eutermes* so beschreibt, „daß einzelne Zellen an der Oberfläche, aber auch in der Tiefe

Abb. 2. *Carausius*. Querschnitt durch den Kopflappen eines Embryos im Stadium
A 1. *Bz* Gehirnbildungszentrum, *Md* Mesoderm, *pM* periphere Mitosen

Abb. 3. *Carausius*, Stadium A 2. Neurogene Gruppen. *dZ* dermatogene Zellen,
MZ Zentralzelle in Teilung, *R* Randzellen, *Z* Zentralzellen

Abb. 4. *Periplaneta*, Stadium A 2. Die Kerne der Randzellen (*R*) ziehen sich nach
ventral zurück. *dZ* dermatogene Zellen, *MZ* Zentralzelle in Teilung,
Nbl Neuroblasten

Abb. 5. Querschnitt durch einen *Carausius*-Embryo im Stadium A 2. Ältere neurogene Gruppen mit Neuroblasten *Nbl*. Über dem Antennencoelom *Acl* die Anlage des
Deutocerebrum. *dZ* dermatogene Zellen, *Sto* Stomodaeum

Abb. 6. *Carausius*, Stadium A 2. Zwei Neuroblasten *Nbl* einer neurogenen Gruppe
geben ihre ersten Tochterzellen *To1* lateral ab

Abb. 7. *Carausius*, Stadium B 1. Neuroblasten des Protocerebrum *Nbl*, die jeweils
2—4 Tochterzellen *To* produziert haben. Die Kerne der dermatogenen Zellen *dZ*
liegen in der ventralen Schicht. *Ol* Oberlippe, *Olm* Mesoderm der Oberlippe,
PdZ dorsale Plasmaausläufer der dermatogenen Zellen

große, rundliche, hell gefärbte Kerne erhalten und sich dadurch als Neuroblasten dokumentieren." Neuerdings (1963) hat Panov die Bildung der Neuroblasten bei *Antheraea* untersucht, konnte aber ebenfalls keine Teilungen vor dem Einsetzen der inäqualen Teilungstätigkeit beobachten. Solche scheinen also wohl nicht allgemein bei den Insekten vorzukommen.

Die von Scholl (1964) für *Carausius* beschriebenen Ventralgruben, an deren Grunde er die Entstehung der Neuroblasten beobachtete, konnten auch von mir verschiedentlich gefunden werden, doch scheinen sie sich auf die zu allererst entstehenden neurogenen Gruppen zu beschränken. Vermutlich entstehen sie während der Verdrängung von Zellmaterial in die Tiefe durch die starke ventrale Teilungstätigkeit. Sie würden also als Versenkungserscheinungen den Ventralorganen der Onychophoren und Diplopoden (Pflugfelder) analoge Bildungen darstellen, sind aber mit diesen sicher nicht zu homologisieren.

II. Die weitere Entwicklung der Neuroblasten und ihrer Tochterzellen

Die Neuroblasten beginnen nun (spätes Stadium A bis frühes Stadium B) ihre Produktionstätigkeit, wobei sie durch fortgesetzte inäquale Teilung reihenförmig angeordnete, kleinere Tochterzellen aus sich hervorgehen lassen. In wenigen Fällen konnte beobachtet werden, daß zwei noch dorsoventral übereinanderliegende Neuroblasten bereits die ersten Tochterzellen (*To 1*) nach der Seite abgegeben hatten (Abb. 6). Im allgemeinen liegen aber die Neuroblasten zu Beginn ihrer Tätigkeit bereits mehr oder weniger in einer Ebene und produzieren dann senkrecht zur Keimebene nach dorsal.

Das ektodermale Blatt ist jetzt, wo die Teilungstätigkeit in vollem Gange ist, deutlich geschichtet (Abb. 7). Das dermatogene Gewebe hat sich an der ventralen Oberfläche des Keimes konzentriert. Darunter erstreckt sich die Schicht der Neuroblasten, die etwas oberhalb der Mitte des Blattes liegt, gefolgt von den abgegebenen Zellen, die sich durch hohen Chromatingehalt deutlich abheben. Wie man auf Abb. 7 sieht, liegen auch jetzt noch (Stadium B) lange Ausläufer dermatogener Zellen zwischen den Reihen des neurogenen Gewebes. Die Neuroblasten unterscheiden sich, außer in Kernform, -größe und Chromatinstruktur, durch eine größere Plasmamenge von allen anderen Zellen, ein Unterschied, der sich im Laufe der Entwicklung noch verstärkt. Bei *Periplaneta* werden die Plasmateile im Stadium E und G zweimal stark vergrößert. Auffällig ist, daß die zuerst entstandenen Tochterzellen meist größer sind als die später entstandenen. Teilweise mag dieser Eindruck durch ein Wachstum nach der Teilung zustande kommen, andererseits beruht er aber auch darauf, daß tatsächlich bei der ersten Teilung von den Neuroblasten

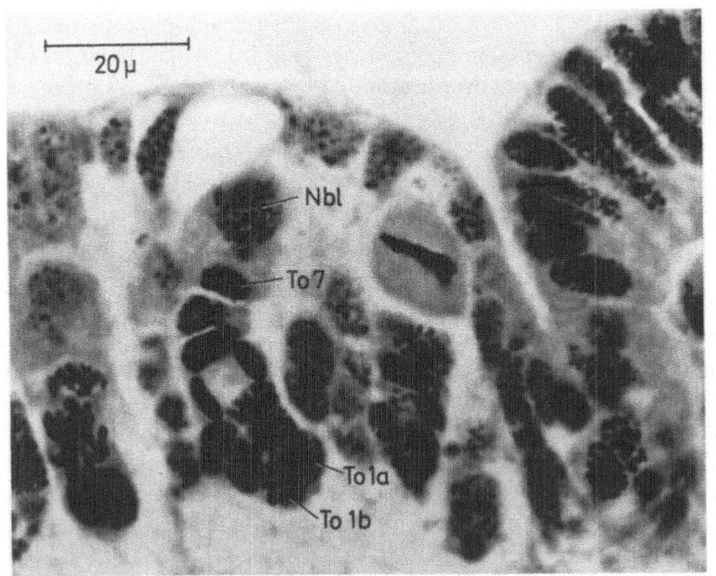

Abb. 8. Teilung der Tochterzellen im Deutocerebrum von *Carausius*. Die 4. Tochterzelle des mittleren Neuroblasten *Nbl* befindet sich in der Telophase. Die Tochterzellen 1—3 haben sich bereits geteilt. *To 1a*, *To 1b* Teilungsprodukte der 1. Tochterzelle, *To 7* 7. Tochterzelle

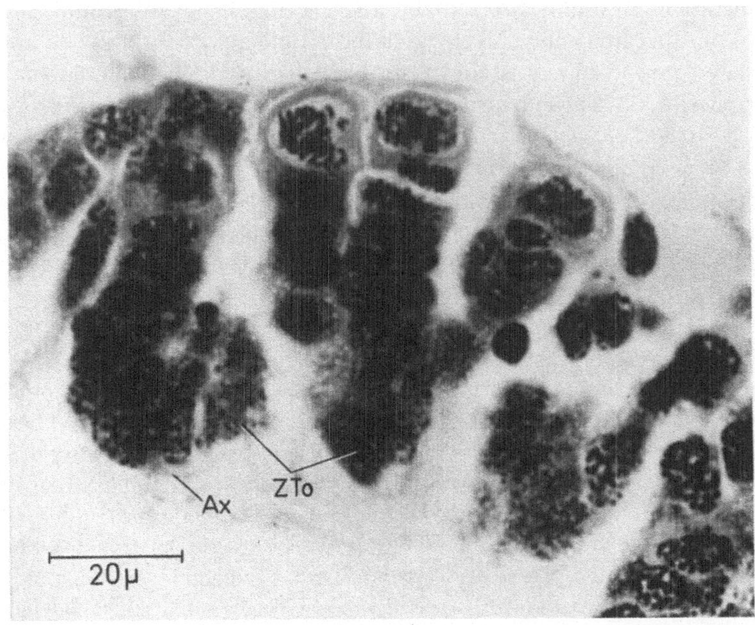

Abb. 9. *Carausius*, Stadium C1. Die älteren Tochterzellen ballen sich zusammen *ZTo. Ax* Axon

größere Zellen abgegeben werden als später, was anhand von Kernmessungen noch gezeigt werden soll.

Nachdem ungefähr 3—4 Zellen produziert wurden, beginnt die älteste Tochterzelle (*To 1*) sich ebenfalls zu teilen. Die Teilung ist äqual und erfolgt senkrecht zur Zellreihe. Die folgenden Tochterzellen teilen sich entsprechend jeweils nach einer Zeitspanne, in der vom Neuroblasten wiederum ca. 2—3 Zellen abgegeben wurden. Deshalb liegen die sich teilenden Tochterzellen immer an 3. oder 4. Stelle in ihren Zellreihen. In der Gesamtheit bilden sie eine Schicht, die sich in ganz bestimmtem Abstand von der Oberfläche durch die Ganglienanlagen erstreckt und vor allem viele stark gefärbte Pro- und Telophasen enthält. Wird die Zellanordnung nicht durch Raummangel beeinträchtigt, dann bleiben die Teilungsprodukte noch einige Zeit in 2 Reihen nebeneinander liegen, was dann bei günstiger Schnittebene ein Bild ergibt, wie es Abb. 8 zeigt. Bald beginnt aber die Reihenanordnung undeutlich zu werden (Stadium B—C). Zunächst ballen sich alle Zellen, die schon die zweite Teilung durchlaufen haben, zusammen. Ihre chromatinärmeren, kreisrunden bis schwach ovalen Kerne erfüllen den ganzen Raum, so daß vom Protoplasma kaum noch etwas zu erkennen ist. Diese Zellen bilden eine verhältnismäßig kompakte Masse, zumal sich hier schon bald die ersten Nervenfasern bilden (Abb. 9). Als Widerstand treten sie den neuentstandenen Tochterzellen entgegen, so daß sich diese an ihrer Ventralseite „aufstauen" und nun ihrerseits in ihrer regelmäßigen Anordnung gestört werden; allerdings nicht so stark, daß die Reihenanordnung vollkommen verloren ginge, zumal ja die Neuroblasten die Möglichkeit haben, zur Peripherie hin zurückzuweichen. Die Tochterzellen verschieben sich lediglich seitlich gegeneinander, so daß jeder Neuroblast jetzt ein breiteres Zellband abgibt. Parallel geht die schon angedeutete Volumenzunahme der Neuroblasten, besonders ihres plasmatischen Anteils. Dadurch werden auch ihre Innenflächen, an denen die Tochterzellen entstehen, größer, eine Tatsache, die das seitliche Auseinanderweichen letzterer noch verständlicher macht (Abb. 10).

Bei älteren Keimen werden die Zellstränge immer breiter. Mitunter können jetzt sogar 3 oder 4 Zellen direkt am Neuroblasten anliegen. Zu diesen gehört oft auch die sich gerade teilende Tochterzelle. Wie Baden (1937) bei *Melanoplus differentialis* feststellte, sind bei älteren Embryonen nur noch die in unmittelbarer Nähe der Neuroblasten liegenden 6—7 Zellen als deren Abkömmlinge zu erkennen. Alle anderen sind zu einer einheitlichen Neuronenmasse vereinigt. Bei den hier untersuchten Objekten stimmt das allerdings nicht ganz. Verschiedene Neuroblasten liegen in älteren Stadien an ganz anderen Stellen als zu Beginn ihrer Tätigkeit. Es führen dann oft lange Zellstränge an der Oberfläche des Ganglions vom Neuroblasten zum Ort seiner ursprünglichen Lage

(Abb. 32). Mitunter findet man in älteren Stadien Mitosen, die in den tieferen Schichten nahe den Fasermassen liegen (BADEN). In Einzelfällen konnten sie sogar recht häufig beobachtet werden. Es ist jedoch nicht anzunehmen, daß es sich hierbei um Teilungen handelt, die von allen Zellen durchlaufen werden. Immerhin hat ein Großteil der Neuronen schon Fasern ausgebildet und es erscheint unwahrscheinlich wenn nicht gar unmöglich, daß sich solche Zellen nochmals teilen. Wahrscheinlich handelt es sich bei den sich teilenden Elementen um Gliazellen. Die Tochterzellen der Neuroblasten, die nach BAUER (1904) als Ganglienmutterzellen bezeichnet werden, teilen sich also, sofern sie sich zu nervösen Zellen entwickeln, nur einmal und liefern zwei Neuronen.

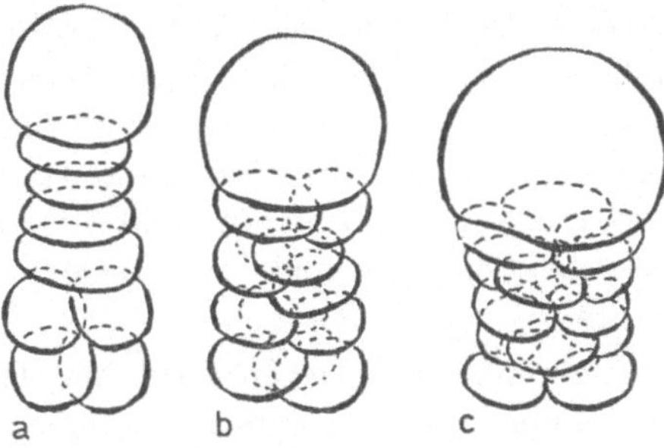

Abb. 10. Anordnung der Tochterzellen bei Neuroblasten verschiedenen Alters. Bei b liegt eine, bei a liegen zwei und bei c drei Tochterzellen direkt am Neuroblasten an

In der Entwicklung der Ganglienzellen ist noch eine auffallende Veränderung der Kernstrukturen zu erwähnen. Der Vorgang beginnt ungefähr im Stadium E (bei *Periplaneta* etwas später). In der Grenzzone zum Neuropilem tauchen vereinzelt Kerne auf, deren Chromatinmassen auf engstem Raum zusammengedrängt erscheinen (Abb. 32). Sie werden von einem deutlich abgesetzten Plasmahof ringförmig umgeben und sind nach Eisenhämatoxylinfärbung tiefschwarz. Übergangsformen zeichnen sich durch sehr grobkörnige, z.T. chromosomenähnliche Chromatinstrukturen aus. Auch bei ihnen ist schon der ringförmige Plasmahof zu beobachten. Es kann sich hier weder um Mitosen noch um Degenerationserscheinungen handeln, da bald alle Ganglienzellen der zentralen Bereiche in diesen Zustand übergehen und ihn über eine sehr lange Zeit beibehalten. Bei jungen Larven besteht u.a. fast der ganze Protocerebrallobus aus solchen Zellen, bei Adulttieren sind sie besonders in den Corpora pedunculata schön ausgebildet. Ähnliche Kernstrukturen konnten auch bei vielen anderen Insekten festgestellt werden. Es hat den Anschein, als würden sich die Chromatinstrukturen bei älteren Zellen wieder lockern. So sind ausgesprochen „schwarze Kerne“ im adulten Protocerebrallobus verhältnismäßig selten, während sie in der Larvalzeit für diesen Gehirnteil charakteristisch waren. Ähnliches gilt für Deuto- und Tritocerebrum und das restliche Nervensystem.

III. Das Schicksal der alternden Neuroblasten

Tätige Neuroblasten sind mit Ausnahme sehr früher Stadien während der ganzen Embryonalentwicklung zu finden. Allerdings nimmt ihre Zahl im alternden Embryo ständig ab. (Auf ihre genaue Anzahl und die räumliche Verteilung soll bei der Besprechung der Gehirnteile näher eingegangen werden.) In frisch geschlüpften Larven konnten noch einige in den Corpora pedunculata festgestellt werden, wobei auch die Teilung der Ganglienmutterzellen zu beobachten war. Ähnliches beschreibt schon Schrader (1938) bei *Ephestia kühniella* und Panov kann 1963 4 Paar embryonale Neuroblasten im larvalen Gehirn von *Antheraea* feststellen (in den Bildungszentren der Corpora pedunculata und im Deutocerebrum). Er beschreibt ebenfalls Teilungen der Ganglienmutterzellen. Die Mehrzahl der protocerebralen sowie alle deuto- und tritocerebralen Neuroblasten verschwinden bei *Carausius* und *Periplaneta* im Laufe der späten Embryonalentwicklung.

Wheeler beschrieb 1890 eine Degeneration der Orthopterenneuroblasten nach Beendigung ihrer Produktionstätigkeit. Seine Befunde wurden 1904 von Bauer für das Unterschlundganglion von *Vespa crabro* bestätigt. Dieser Autor konnte zunächst kleine Vakuolen im Plasma und ein Auffalten der Kernmembran beobachten. Die Vakuolen fließen dann zusammen, das Protoplasma verschwindet, und während sich die Kernmembran auflöst, zerfällt auch das zunächst stark verklumpte Chromatin. Strindberg beschrieb 1913 blasig aufgetriebene Kerne und Chromatinzusammenballungen als typische Degenerationsbilder bei den Neuroblasten des Bauchmarks. Von späteren Autoren (Bott, 1928, bei *Gyrinus*; und Umbach, 1934, bei *Ephestia*) konnten keine Zerfallserscheinungen mehr festgestellt werden. Baden (1937) läßt die Frage nach dem Schicksal der Neuroblasten ganz offen und erwähnt nur die verschiedenen Möglichkeiten, Zerfall oder Weiterbestehen als normale Ganglienzellen. In mehreren Arbeiten (1960 und 1963) schildert Panov die Degeneration der embryonalen Neuroblasten bei *Antheraea* nach der Blastokinese und die der larvalen während des Puppenstadiums, wobei er eindeutig pyknotische Kerne beschreibt.

Bei *Carausius* konnten auf keinem Stadium Zerfallserscheinungen festgestellt werden. Zwar fanden sich auch gelegentlich bei Neuroblasten jene Zusammenballungen von Chromatinsubstanzen, wie sie schon für die älteren Ganglienzellen beschrieben wurden, doch war die Teilungstätigkeit in diesem Falle noch in vollem Gange. Eine Ähnlichkeit dieser Zellen mit den von Strindberg als Degenerationen beschriebenen

Neuroblasten ist unverkennbar. In der Literatur widersprechen sich also die Angaben über das Schicksal der alternden Neuroblasten und offenbar ist dieses auch bei den untersuchten Insekten verschieden.

Das Altern der Neuroblasten macht sich bei *Carausius* und *Periplaneta* dadurch bemerkbar, daß ihr Volumen abnimmt. Die abgegebenen Tochterzellen werden gegen Ende der Entwicklung immer größer, so daß der Grad der Inäqualität der Teilungen ständig zurückgeht. Auch in Kernstruktur und Plasmagehalt unterscheiden sich die Ganglienmutterzellen nur noch wenig von den Neuroblasten. Zuletzt kennzeichnen wenige, ziemlich gleich große Kerne, von dichtem, stark gefärbtem Plasma umgeben, die Orte, an denen Neuroblasten lagen. Von Ganglienzellkernen sind sie der Größe nach nicht mehr zu unterscheiden. Man kann deshalb mit Sicherheit annehmen, daß die letzte Teilung eines Neuroblasten annähernd äqual ist, obwohl eine solche nicht unmittelbar beobachtet werden konnte.

IV. Kernmessungen

Während der verschiedenen Stadien der Entwicklung wurden die Kerne der Neuroblasten und ihrer Tochterzellen gemessen. Als Maß für den Grad der Inäqualität der jeweiligen Teilung wurde der Quotient aus den beiden Volumina bestimmt. Bei 1250facher Vergrößerung wurden die beiden Achsen der meist elliptischen Schnittflächen mit Hilfe eines geeichten Okularmikrometers direkt am Objekt gemessen. Die Kerne zeigen auf Flachschnitten und auch im Aufsichtsbild an Totalpräparaten eine meist kreisrunde Form, haben also in der Längs- wie in der Querrichtung den gleichen Durchmesser. Somit stellen sie ein Drehellipsoid mit der großen Halbachse a um die kleine Achse $2b$ dar. Für ihr Volumen gilt daher die Formel: $V = {}^4/_3\, \pi\, a^2\, b$. In älteren Stadien ist die regelmäßige Form der Kerne jedoch nicht in allen Fällen gegeben.

Bis zur dritten inäqualen Teilung konnten die abgegebenen Tochterzellen noch sicher gezählt werden. Dann mußten die Durchschnitte aus den Messungen der verschiedenen Stadien als Werte zur Konstruktion der Kurvenschaubilder (Abb. 11) verwendet werden. Der so erhaltene Kurvenverlauf entspricht natürlich nicht der tatsächlichen Größenentwicklung eines einzelnen Neuroblasten und seiner Tochterzellen. Da die Neuroblasten eines Stadiums nicht gleich sind und sicher auch bei gleichaltrigen verschiedene Größenklassen auftreten, weichen die Einzelwerte oft erheblich vom Durchschnitt ab. Hinzu kommt, daß das Kernvolumen durch die Mitosen einem ständigen Wechsel unterworfen ist. Die abgebildeten Kurven sollen also nur den groben Verlauf der Kerngrößenentwicklung wiedergeben. Trotzdem sind ihnen einige Tatsachen zu entnehmen, die genügend gesichert erscheinen und die im folgenden besprochen werden sollen.

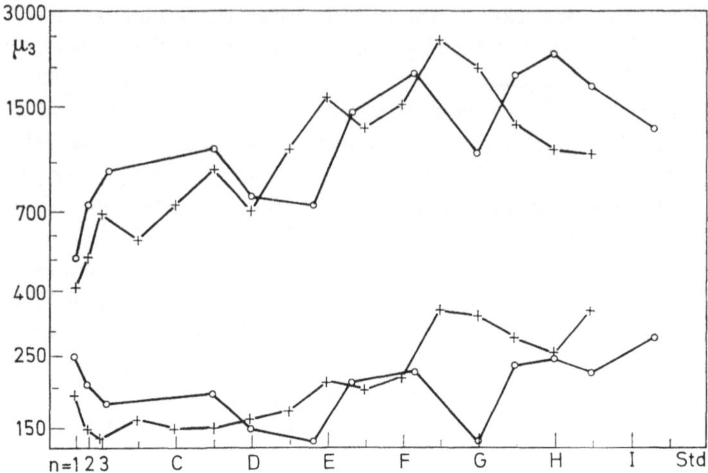

Abb. 11. Durchschnittliche Größe der Neuroblasten (obere Kurven) und der Tochterzellen (untere Kurven) auf den verschiedenen Stadien der Entwicklung.
+—+ *Carausius*, ○—○ *Periplaneta*

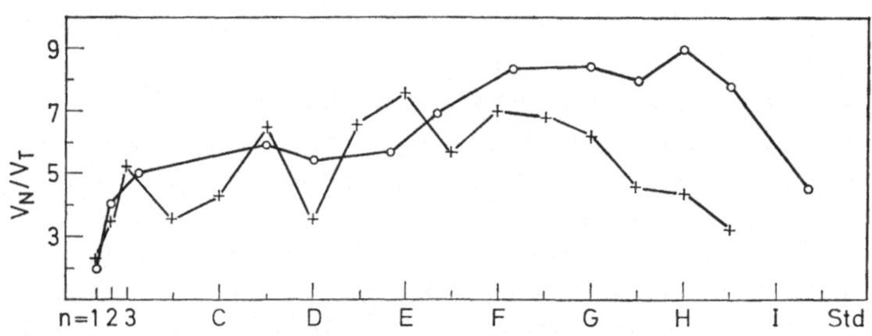

Abb. 12. Grad der Inäqualität der Neuroblastenteilungen.
+—+ *Carausius*, ○—○ *Periplaneta*

Die Kerne der Neuroblasten haben nach der ersten inäqualen Teilung ein Volumen von durchschnittlich 420 μ^3 bei *Carausius* und 510 μ^3 bei *Periplaneta*. Bemerkenswert ist, daß die kleineren *Periplaneta*-Keime auf diesem Stadium die größeren Kerne aufweisen. Es erfolgt dann bei beiden Arten eine starke Volumenzunahme während der ersten Teilungen auf ungefähr 700 μ^3 (*Car.*) und 900 μ^3 (*Per.*). Anschließend läßt sich eine in ihrem Gesamtverlauf schwächere Zunahme bis zum späten Stadium F feststellen, welche aber verschiedene Maxima und Minima aufweist, über deren Zahl und Größe jedoch keine genauen Angaben gemacht werden können. Bei *Carausius* scheint besonders um das Stadium D ein Minimum der Neuroblastengröße erreicht zu werden, dem dann ein starker Anstieg bis zum Stadium E und bis zum Erreichen des Maximalwertes im

Stadium F folgt. Bei *Periplaneta* ist das Minimum und der darauf folgende Anstieg etwas später zu beobachten, ein vorläufiger Höhepunkt ist hier aber ebenfalls in Stadium F erreicht. Der Durchschnittswert im Stadium F liegt für *Carausius* bei 2400 μ^3 und für *Periplaneta* bei 1800 μ^3. (Hier handelt es sich wohl um das Stadium, für welches Scholl, 1964, eine allgemeine Größenzunahme des gesamten Keimes beschreibt.) Während die Kernvolumina der Neuroblasten von *Carausius* damit ihren Höhepunkt erreicht haben und im folgenden bis zum Ende der Teilungstätigkeit stetig fallen, zeigt *Periplaneta* in den späteren Stadien eine weitere Volumenzunahme, welche überhaupt erst zum absoluten Maximum führt. Die Kerne erreichen Größen von über 2000 μ^3. Dann geht auch hier das Volumen allmählich bis zum Erlöschen der Tätigkeit zurück. Die kleinsten Kerne von erschöpften Neuroblasten hatten eine Größe von 600—650 μ^3 (*Car.*) und 500 μ^3 (*Per.*).

Die Kerne der Tochterzellen sind zunächst mit einem Durchschnittsvolumen von 190 μ^3 bzw. 250 μ^3 verhältnismäßig groß, nämlich fast halb so groß wie die der Neuroblasten. Aber bereits die Zellen des 3. Teilungsschrittes haben nur noch eine Größe von 140 bzw. 180 μ^3. Dann bleibt das Volumen über längere Zeit ungefähr gleich bzw. fällt weiter etwas ab (*Per.*). Im Stadium F erreicht es, der allgemeinen Größenzunahme folgend, einen Höhepunkt, der bei *Carausius* deutlicher in Erscheinung tritt (370 μ^3). Die dann einsetzende fallende Tendenz weicht in der Endphase wieder einer steigenden, so daß das Volumen am Ende ungefähr 360 μ^3 bei *Carausius* und 300 μ^3 bei *Periplaneta* beträgt.

Aus den Volumenverhältnissen bei Neuroblasten und Tochterzellen ergeben sich klare Schlußfolgerungen betreffs des Inäqualitätsgrades der Teilungen (Abb. 12). Die Neuroblasten beginnen ihre Tätigkeit mit relativ schwachen inäqualen Teilungen, die dann rasch stärker inäqual werden bis zu einem Grad von ungefähr 5:1. Man kann dies als einen Übergang von der äqualen Teilung der Neuroblastenmutterzellen zur stark inäqualen der fertigen Neuroblasten ansehen. Im weiteren Verlauf zeigt der Inäqualitätsgrad eine schwach steigende Tendenz bis zu den Stadien, in denen die Neuroblasten ihr größtes Volumen erreichen. Maximale Werte liegen bei 8:1 bis 9:1. Am Ende der Teilungstätigkeit ist wieder ein starker Rückgang zu beobachten, da hier der Volumenverminderung der Neuroblasten eine Zunahme der Tochterzellen gegenübertritt. Dies führt bei den letzten Teilungen zu einem Quotienten von 1,5:1 bis 2:1.

E. Die Entwicklung des Gehirns

I. Die Zentren der Gehirnbildung

Wie schon erwähnt sind die Bezirke, in denen Neuroblasten zur Ausbildung kommen, schon sehr früh an den etwas größeren und weniger chromatinhaltigen Kernen zu erkennen. Allerdings sind diese Unterschiede so minimal, und die Übergänge stark fließend, daß eine Trennung in verschiedene gegeneinander abgegrenzte Zentren noch nicht möglich ist. Erst mit dem Auftreten von neurogenen Gruppen ist der Keim auch in seinen anderen Bestandteilen so weit ausdifferenziert, daß diesbezügliche Beobachtungen gemacht werden können. In der Verteilung der einzelnen Ventralgruben konnte Scholl (1964) keine metamere Anordnung erkennen. Rekonstruktionen von Schnittserien zeigen jedoch — unter Berücksichtigung der Anordnung des dermatogenen Materials sowie des Mesoderms — verschiedene Bezirke, deren neurogene Gruppen offenbar zusammengehören. Der metamere Charakter dieser Zentren konnte dann aufgrund ihrer Weiterentwicklung erkannt werden.

Im späten Stadium A können, besonders bei *Carausius* (Abb. 13), folgende Zentren festgestellt werden (die Numerierung schließt sich unter Berücksichtigung der noch zu diskutierenden Metamerieverhältnisse an diejenige von Weygoldt und Scholl bei Crustaceen an):

Nr. 0 liegt in den lateralen Teilen der Kopflappen und umschließt auch die optischen Ganglien. Diese liegen caudolateral und haben sich schon sehr frühzeitig von der epidermalen Schicht getrennt. In den optischen Ganglien bilden sich keine typischen Neuroblasten aus.

Nr. 1 A. Am Vorderrand der Kopflappen fallen einige Zusammenballungen von Zellmaterial auf. Hier können die Vorgänge der Neuroblastenbildung nur selten deutlich beobachtet werden, da sie sich, durch die Zusammenballung bedingt, in verschiedenen Ebenen abspielen. Es erfolgt in diesem Bereich, allerdings etwas später als bei den optischen Ganglien, die zweite vollkommene Trennung des epidermalen Gewebes von der Gehirnanlage.

Nr. 1 B. Hinter den frontalen Zusammenballungen ist eine schmale Zone festzustellen, die noch nicht zur Anlage des Deutocerebrum zu zählen ist, sich aber aufgrund ihrer „normalen" Struktur auch vom Zentrum 1 A trennen läßt. Sie weist ungefähr 3 neurogene Gruppen auf und ist an der ventralen Oberfläche durch zwei kleine Keile dermatogenen Materials (Abb. 13 und 14) sowohl von den frontalen Zusammenballungen als auch vom Deutocerebrum getrennt. Die Weiterentwicklung des hier entstehenden neurogenen Materials macht auch eine Zugehörigkeit zum Zentrum 0 unwahrscheinlich.

Nr. 2. Dieses Zentrum erscheint auf Höhe des Stomodaeum-Hinterrandes und besteht aus mehreren neurogenen Gruppen, die sich zu einer kreisrunden Anlage zusammenlagern (bzw. zu einer querovalen bei *Periplaneta*). Es handelt sich um die Bildungszone des Deutocerebrum.

Nr. 3 A. Eine etwas abgesetzte neurogene Gruppe, die nur bei *Carausius* deutlich zu beobachten ist, liegt median von der Anlage des Deutocerebrum, dicht am Stomodaeum. Aus ihr entsteht ein einzelner Neuroblast, der zunächst an der Basis der Oberlippe liegt und später zum Tritocerebrum hinwandert.

Nr. 3 B. Die eigentliche Anlage des Tritocerebrum liegt hinter dem Mund. Sie umschließt das Stomodaeum von caudal nach caudolateral. Ihr caudaler Teil läßt sich in Form und Lage an die Ganglienkette der folgenden Segmente angliedern.

Die medianen Anlagen erscheinen zuerst, und hier wiederum die neurogenen Gruppen im Bereich der Zentren 1 B und 2. Die Differenzierung schreitet von hier aus nach frontal, lateral und caudal fort. In einem Falle konnten in den beiden Maxillensegmenten bei *Carausius* schon eine Gruppierung der Zellen beobachtet werden, während im Bereich der Mandibelanlagen und des interkalaren Segmentes noch keinerlei Strukturen zu erkennen waren. Ähnliches zeigt *Periplaneta*, wo noch in späteren Stadien die Ganglienanlagen dieser Region weniger weit entwickelt sind. Solche Erscheinungen konnten z. T. auch bei Holometabolen beobachtet werden. *Leptinotarsa* (= *Doryphora*) zeigt nach WHEELER (1889) auf frühem Stadium deutlich die Anlage der Thorakelbeine und der zweiten Maxille, während rostral außer den Antennen noch keine Anhänge zu beobachten sind.

Die Beziehungen der einzelnen Zentren zum Coelom bzw. Mesoderm wurden wie folgt gefunden (der Aufbau des Mesoderms wurde von SCHOLL für *Carausius* beschrieben, so daß hier nur Angaben zu den Verhältnissen bei *Periplaneta* gemacht werden sollen, soweit sie von denen von *Carausius* abweichen):

Die Zentren 0 und 1 A zeigen keine Unterlagerung durch mesodermales Material. Das letztere liegt lateral vom Oberlippenmesoderm.

Das Zentrum 1 B (der caudale Teil der medianen Protocerebralanlage) liegt dagegen genau über der Stelle, wo das Antennencoelom mit dem vom Oberlippenmesoderm nach hinten verlaufenden Mesodermstrang in Berührung kommt („präantennales Coelom" WIESMANNS). Dieser Mesodermteil ist nun bei *Periplaneta* zu einem recht weit unter die Anlage des Protocerebrum vordringenden Zapfen geworden, der zudem eine gut ausgebildete Coelomhöhle aufweist (Abb. 19). Schon im Stadium A ist die mesodermale Schicht unter dem vorderen Teil der Koppflappen erweitert. Bei *Carausius* stellt das Mesoderm dagegen ein Dreieck mit frontal gelegener Spitze dar (SCHOLL). Das zapfenförmige Gebilde bleibt bis zu seinem Verschwinden (vermutlich geht daraus ein Teil der mesodermalen Neurallamelle hervor) unabhängig vom Antennencoelom.

Das Zentrum 2 überdeckt den frontalen Teil des Antennenmesoderms, während die eigentliche Coelomhöhle etwas mehr caudal liegt.

Auch die Zentren 3 A und B zeigen eine mesodermale Unterlagerung und zwar ersteres durch den caudolateral am Stomodaeum vorbei-

9*

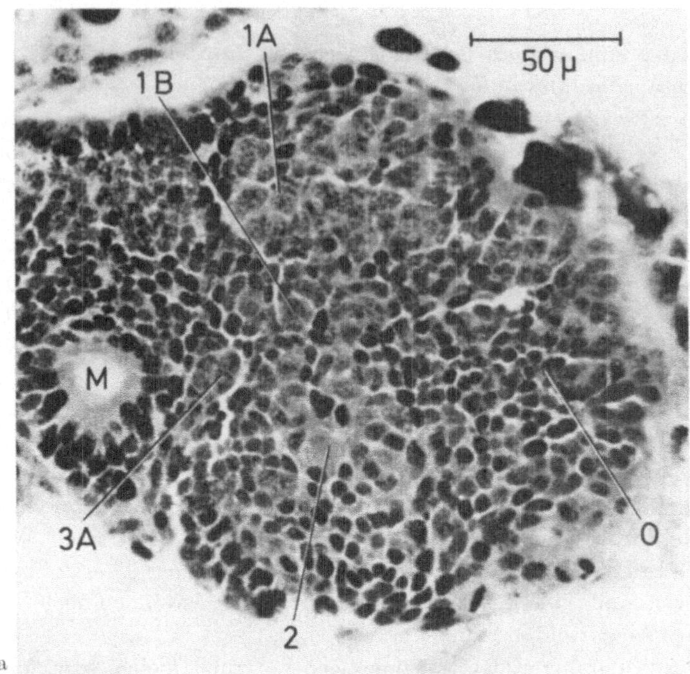

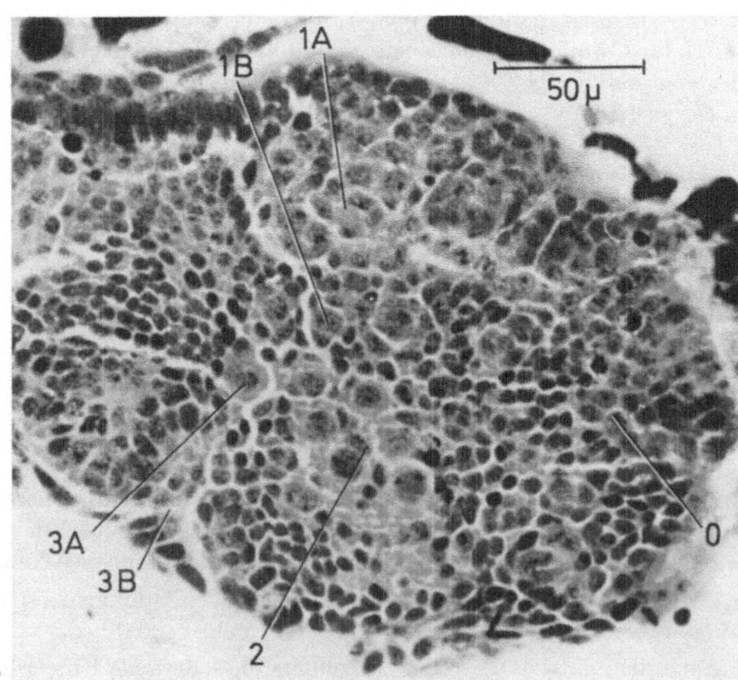

Abb. 13a u. b

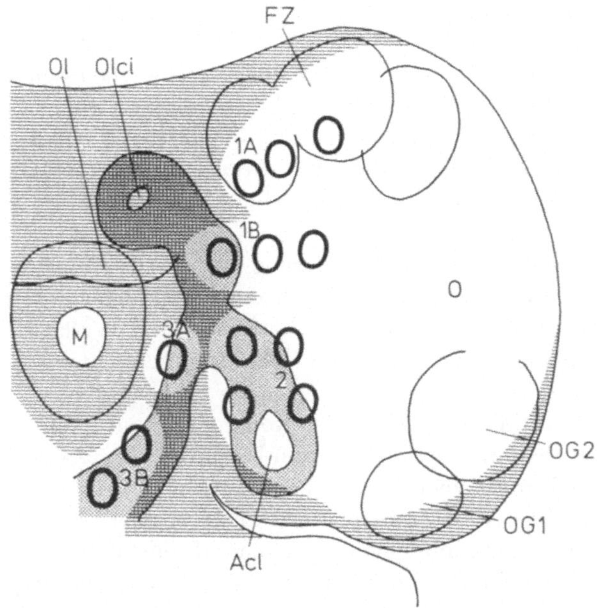

Abb. 14. Schema zu Abb. 13. Die schraffierte Fläche stellt das bereits endgültig epidermale Material dar. Punktiert ist das Mesoderm. *Acl* Antennencoelom, *FZ* frontale Zusammenballungen, *M* Mund, *OG1* und *2* 1. und 2. optisches Ganglion, *Ol* Oberlippe, *Olcl* Oberlippencoelom

ziehenden Mesodermstrang und letzteres durch die Mesodermverdichtung des interkalaren Segmentes.

II. Form und Lage des embryonalen Gehirns

Der größte Teil des Ektoderms der Vorderkopfanlage ist zur Produktion von nervösem Material befähigt (Stadium A 2, schraffierte Fläche in Abb. 1 b). Lediglich das Stomodaeum, das clypeolaberale Gebiet und die Antennenanlagen sind an der Gehirnbildung nicht beteiligt. Der Voderkopf macht im Laufe der frühen Embryonalentwicklung einige Wandlungen durch, die sich auch auf Lage und Gestalt der Gehirnanlagen auswirken und dadurch die spätere Form des Gehirns mitbestimmen. Es sind hier im wesentlichen 4 Bewegungsvorgänge zu nennen:

1. Die Kopflappen, die bei der jungen Keimscheibe flach ausgebreitet waren, biegen sich an den Rändern mehr und mehr dorsalwärts. Zunächst

Abb. 13a u. b. Anordnung der neurogenen Gruppen und der verschiedenen Zentren auf Horizontalschnitten durch den Kopflappen von *Carausius* (Stadium A 2). Die beiden Schnitte liegen unmittelbar dorsoventral übereinander (a ventral). *0*, *1A*, *1B*, *2*, *3A*, *3B* Zentren der Gehirnbildung, *M* Mund (Stromodaeum)

ist der Vorgang hauptsächlich lateral, dann aber auch an der frontalen Begrenzung zu beobachten.

2. Der Mund und die Oberlippenanlage verschieben sich caudalwärts. Die Verlagerung ist bei der Oberlippe besonders deutlich, da diese auch noch in dieser Richtung auswächst und so bald den Mund überdeckt. Für die Gestalt des Embryo hat diese Bewegung eine gewisse Frontalverschiebung der Kopflappen und die Entstehung einer frontalen Einbuchtung zur Folge.

3. Im Anschluß an diese Wanderung, mehr oder weniger durch sie bedingt, erfolgt eine Bewegung der frontalen Ganglienanlagen zur Medianen, mit dem Ziel einer Kontaktaufnahme der beiden Hemisphären. Dadurch wird die frontale Einbuchtung bis auf eine kleine Kerbe wieder geschlossen.

4. Die Frontalverschiebung der Kopflappen und damit auch die Bewegung zur Medianen wird wiederum begünstigt durch ein Heranrücken der hinteren Kopfsegmente an das Procephalon.

Im zeitlichen Ablauf dieser Bewegungsvorgänge treten Unterschiede zwischen den beiden untersuchten Arten auf, die zu einer verschiedenen Form des frühembryonalen Kopfes und der Gehirnteile führen. Die drei ersten Bewegungen laufen bei *Periplaneta* früher ab und sind in ihren Auswirkungen stärker als bei *Carausius* (vgl. hierzu Abb. 1 a—i). Die Seitenränder der Kopflappen biegen bei *Periplaneta* bereits im frühen Stadium B um, während sie bei *Carausius* noch flach ausgebreitet sind. Wegen der früher und stärker zurückweichenden Oberlippe zeigt *Periplaneta* eine tiefere frontale Einbuchtung, die von den rasch medianwärts rückenden frontalen Zusammenballungen auch wieder früher geschlossen wird. Diese medianen Teile des Protocerebrum werden im Gefolge der Oberlippe viel stärker nach caudal gezogen als es bei *Carausius* der Fall ist. (Die ersten Kommissuren werden in beiden Fällen hinter den frontalen Zusammenballungen angelegt, was bei *Periplaneta* zu einer stark abgewinkelten Form der ersten Faserteile führt.) Durch die frontalen Zusammenballungen werden die Anlagen 1 B zur Seite geschoben. Lateral rückt bei den Keimen beider Arten die Anlage 0 etwas nach vorne. Die optischen Ganglien liegen bei *Periplaneta* weit dorsal und sind auch auf späteren Stadien nie deutlich lateralwärts ausgebuchtet. Dementsprechend liegt hier die größte Kopfbreite in der Mitte des Procephalon, bei *Carausius* dagegen hinten auf Höhe der Augenanlagen. Ruhender Pol in dieser bewegten Phase ist die Anlage des Deutocerebrum (Zentrum 2), welche Form und Lage annähernd beibehält. Auch das Tritocerebrum wird lediglich durch das zurückwandernde Stomodaeum etwas zur Seite geschoben. Eine deutliche Frontalverschiebung dieser Anlage, wie sie z. B. IBRAHIM (1958) bei *Tachycines* beobachtet, konnte nicht festgestellt werden.

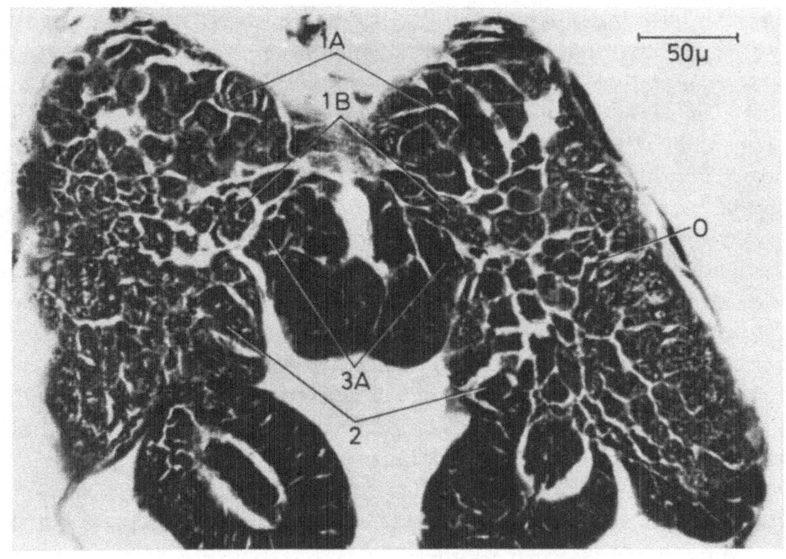

Abb. 15. Der Horizontalschnitt durch den Kopf von *Carausius* zeigt die Anordnung
der Zentren etwas später (Stadium B2)

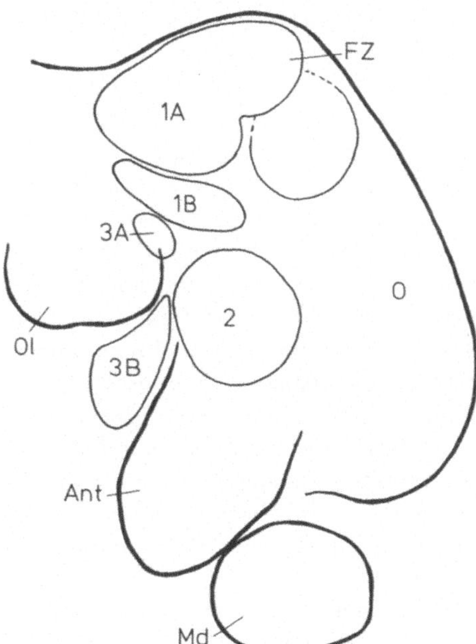

Abb. 16. Schema zu Abb. 15. *Ant* Antenne, *FZ* frontale Zusammenballungen,
Md Mandibel, *Ol* Oberlippe

Im Gegensatz zu den ersten drei Bewegungen erfolgt die vierte, das Heranrücken der gnathocephalen Segmente an das Procephalon, bei *Periplaneta* später. Auf den Abb. 1 a—i kommt dies deutlich zum Ausdruck. Die Mandibelanlagen liegen auch im Stadium C noch merklich von der Fühlerbasis getrennt, während sie bei *Carausius* schon die Augenanlagen berühren. Die Verzögerung ist bedingt durch ein relativ stark ausgebildetes interkalares Segment. Unter der Fühleranlage zeigt sich eine deutliche, zu diesem Segment gehörende Extremitätenknospe (2. Antenne), welcher ein kleines Coelombläschen seitlich von dem sehr langgestreckten Mesodermstrang zwischen Interkalar- und Mandibelcoelom dicht anliegt. Durch diese Verhältnisse kann das Tritocerebrum von *Periplaneta* hinter dem Stomodaeum zunächst einen größeren Raum einnehmen. Später verschwindet jedoch die Extremitätenanlage vollständig, die Mandibeln können an den Vorderkopf heranrücken und zeigen nun eine ganz ähnliche Lage wie bei *Carausius*. Bei der nahe verwandten *Blattella germanica* konnte Wheeler schon 1889 teilweise zweilappige Antennen beobachten, wobei er den hinteren kleineren Lappen mit der 2. Antenne der Crustaceen verglich.

Nachdem die beiden Protocerebralhälften die geschilderte Wanderung zur Medianen vollzogen haben, läßt sich an ihnen sehr gut die von vielen Autoren beschriebene Unterteilung in die embryonalen Protocerebralloben beobachten (Abb. 17). *Carausius* hat nach Scholl (1964) 4 Protocerebralloben (ebenso *Eutermes* nach Strindberg). Ältere Autoren, wie Viallanes (1889/90) (*Mantis*) und Wheeler (1893) (*Xiphidium*), welche 3 Loben beschreiben, haben wohl die beiden mittleren, welche bei älteren Keimen nicht mehr deutlich zu trennen sind, als einen gezählt.

Der caudolateral gelegene 1. Lobus entspricht den optischen Ganglien 1 und 2 (Lamina ganglionaris und Medulla externa): frontalwärts schließt sich der umfangreiche 2. Lobus an. Dem folgt frontal-median der 3. Lobus, der nur an der Ventralseite deutlich ausgebildet ist und aus dem die Corpora pedunculata entstehen. Median liegt der 4. Lobus, der hauptsächlich von den frontalen Zusammenballungen gebildet wird.

Durch das Umbiegen der Ränder der Kopflappen entsteht zunächst ein breiter Randwulst (Scholl). Die Neuroblasten dieser Randregion produzieren ihre Tochterzellen annähernd parallel zur ventralen Keimoberfläche. Setzt sich die Einbiegung der Ränder fort, so wird schließlich von allen Seiten der Peripherie her Material auf die Dorsalseite des Kopfes verschoben. Die Kopflappen werden so im Bereich des ganzen Protocerebrum doppelschichtig, wobei an der Dorsalseite, ebenso wie ventral neben einer neurogenen auch eine dermatogene Schicht entsteht. Die oberflächlich gelegenen Neuroblasten liefern nun von allen Seiten (außer von caudo-median) Material zum Zentrum des Protocerebrum. Aus der flächigen Protocerebralanlage ist ein räumliches Gebilde ge-

worden, das rasch an Volumen zunimmt. Bei den beiden anderen Ganglien, besonders beim Deutocerebrum, deren Neuroblasten nur an der
ventralen Oberfläche liegen, ist eine Tendenz zur Abrundung ebenfalls
festzustellen. Sie äußert sich hier, wie auch bei den Körperganglien, in
einer Wölbung der Neuroblastenschicht, wobei die äußeren Neuroblasten
ihre Tochterzellen an dem von den inneren produzierten Ganglienmaterial

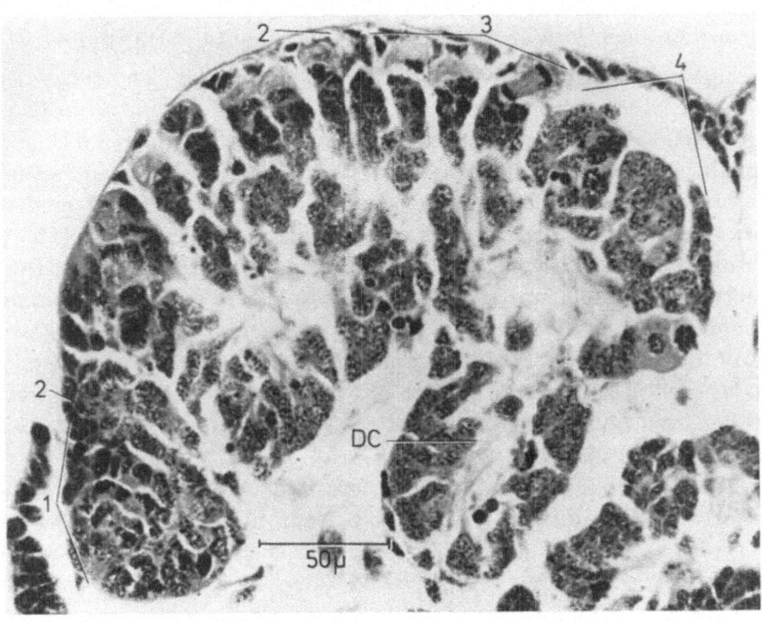

Abb. 17. *Carausius*, Stadium C2. Der Horizontalschnitt zeigt die Unterteilung des
Protocerebrum in die embryonalen Protocerebralloben (1, 2, 3 und 4).
DC Deutocerebrum

vorbei auf die Dorsalseite der Anlage abgeben. Diese Wölbung erfolgt
allerdings im Gegensatz zum Protocerebrum erst nach der völligen Abtrennung der Neuroblastenschicht von der Epidermis.

Nimmt man, wie es hier geschehen ist, die äußere Morphologie als
Maßstab für das Alter der einzelnen Keime, so zeigt sich, daß in der
ersten Hälfte der Embryonalentwicklung die Differenzierung der Gehirnanlage von *Periplaneta* hinter der von *Carausius* etwas zurückbleibt (um
1—2 Stadien). Zusammen mit den bei *Periplaneta* nun wiederum früher
einsetzenden Verlagerungen ergeben sich so doch merkliche Unterschiede
zwischen den Gehirnanlagen beider Arten, die sich aber, sofern die Differenzierungsvorgänge nur zeitlich differieren, im Laufe der Entwicklung
wieder ausgleichen.

III. Die Zahl der Neuroblasten und ihre Anordnung in den Ganglienanlagen

Die Neuroblasten vermehren sich, wie schon angedeutet, von den Zentren aus lateralwärts. Eine Anordnung der Neuroblasten des Bauchmarks in 4 und der des Gehirns in 8 Reihen, wie sie Wheeler (1890) bei *Xiphidium* beobachtete, dürfte deshalb wohl zufälliger Natur sein. Die Neuroblasten zeigen vielmehr zunächst ein homogenes Streuungsmuster, was auch für die Bauchganglien zutrifft, wo ebenfalls eine Differenzierung von median nach lateral festgestellt werden konnte (Strindberg,1913).

Ein Voranschreiten der Gehirndifferenzierung zeigt sich bei *Carausius* schon auf frühem Stadium in der Zahl der ausgebildeten Neuroblasten (Abb. 20). Die nun folgenden Zahlen beziehen sich immer auf eine Gehirnhälfte. Man findet im Stadium B2 75—80 Neuroblasten, während bei *Periplaneta* zur selben Zeit nur ungefähr 55 in Tätigkeit sind. *Carausius* zeigt bereits im frühen Stadium D die volle Anzahl von 116—120 Neuroblasten, wovon auf das Protocerebrum 90—92, auf das Deutocerebrum 14—15 und auf das Tritocerebrum 11—12 entfallen. Ein diesem Höhepunkt entsprechendes Maximum zeigt *Periplaneta* erst im Stadium E. Mit insgesamt 110 Neuroblasten liegt es etwas unter dem von *Carausius*. Die Differenzierungsperiode, in deren Verlauf in den Randbezirken Neuroblasten entstehen, dauert also bei *Periplaneta* länger an. Einen gravierenden Unterschied zu *Carausius* stellt das Auftreten einer weiteren Neuroblastengeneration in den Stadien G—I dar, was schließlich zu einer Gesamtzahl von fast 140 Neuroblasten führt. Diese spätembryonale Vermehrung der neurogenen Elemente steht im Zusammenhang mit der stärkeren Ausdifferenzierung der Corpora pedunculata.

Die dauernde Volumenzunahme des Protocerebrum bewirkt eine Vergrößerung der Oberfläche, weshalb die Neuroblasten bald nicht mehr die ganze Ganglienanlage bedecken. Sie entfernen sich nicht nur stetig weiter vom Zentrum, sondern auch zwangsläufig von ihren Nachbarn, was zunächst durch ihre Größenzunahme ausgeglichen wird. Dann entstehen allmählich neuroblastenfreie Stellen an der Gehirnoberfläche, jedoch nicht derart, daß sich um jeden Neuroblasten ein freier Hof bildet. Vielmehr bleiben die Neuroblasten an bestimmten Stellen zu Gruppen zusammengefaßt, während sich die einmal entstandenen Lücken fortlaufend vergrößern. Solche Lücken sind besonders im 4. Protocerebrallobus und an der Dorsalseite des Protocerebrum zu beobachten (Abb. 21 bis 26). Die Neuroblastenanhäufungen bilden meist funktionelle Einheiten, deren Tochterzellen sich dann zu bestimmten Gehirnteilen und -strukturen vereinigen. Dadurch wird es erst möglich, die einzelnen Bezirke an der Oberfläche zu erkennen und gegeneinander abzugrenzen.

Die Richtung, in der die Tochterzellen abgegeben werden, verändert sich in vielen Fällen. Die Neuroblasten produzieren dann nicht mehr

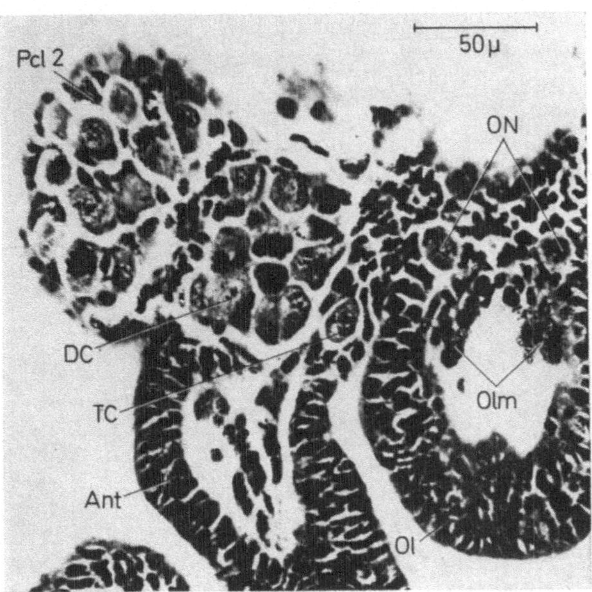

Abb. 18. *Carausius*, Stadium D, Horizontalschnitt. Lage des Oberlippenneuroblasten *ON*. *TC* ist der vorderste Neuroblast des eigentlichen Tritocerebrum. *DC* Deutocerebrum, *Ant* Antenne, *Ol* Oberlippe, *Olm* Oberlippenmesoderm, *Pcl2* 2. Protocerebrallobus

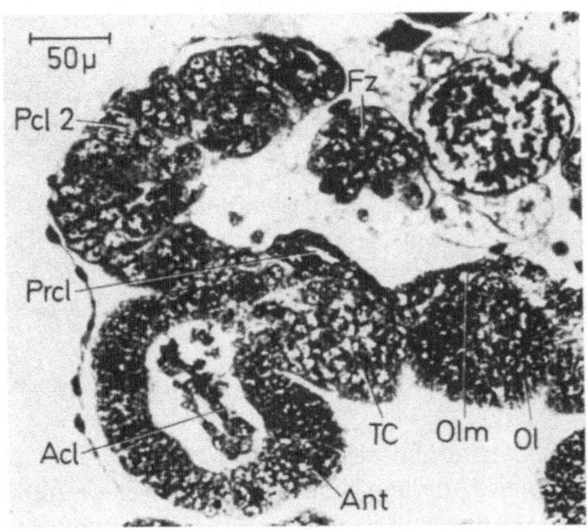

Abb. 19. Der Horizontalschnitt durch den Kopf von *Periplaneta* (Stadium B) zeigt den präantennalen Coelomzapfen *Prcl*. *Acl* Antennencoelom, *Ant* Antenne, *FZ* frontale Zusammenballungen. *Ol* Oberlippe, *Olm* Mesodermteil, der den präantennalen Coelomzapfen mit dem Oberlippencoelom verbindet, *Pcl2* 2. Protocerebrallobus, *TC* Tritocerebrum

senkrecht zur Gehirnoberfläche, sondern neigen ihre Teilungsebene mehr oder weniger gegen diese. Im Extremfalle verlaufen die Tochterzellstränge streckenweise an der Peripherie des Gehirns entlang (bei *Carausius* besonders deutlich; Abb. 32). Eine solche Neigung bewirkt eine Verschiebung der betreffenden Neuroblasten an der Gehirnoberfläche entgegen der Richtung, in der die Produktion erfolgt. Dadurch können sich wiederum Form und Lage der Neuroblastengruppen in verschiedenster Weise verändern. Die Verlagerung kann schließlich auch dazu führen, daß sich einzelne Neuroblasten ganz von ihrer Gruppe trennen, ja sogar

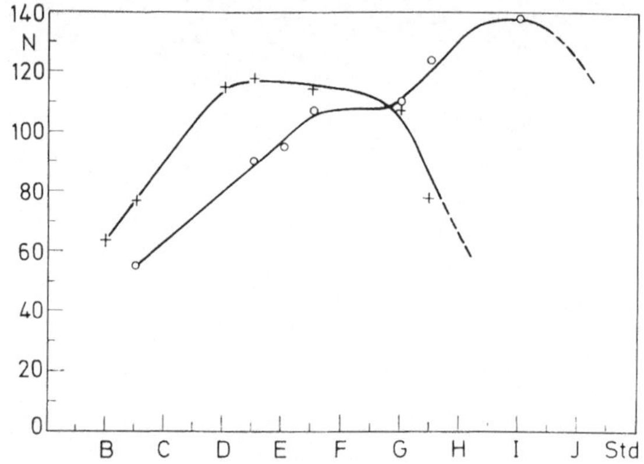

Abb. 20. Die Zahl der Neuroblasten während der Entwicklung.
+——+ *Carausius,* ○——○ *Periplaneta*

dicht zu einer benachbarten Gruppe aufschließen. An der Richtung der Zellproduktion kann dann in den meisten Fällen die Zugehörigkeit festgestellt werden.

Die im folgenden beschriebenen Gruppen, die etwa ab Stadium D—E zu beobachten sind, haben beide Arten aufzuweisen. Lediglich in der Deutlichkeit, mit der sie in Erscheinung treten, sowie in der Art ihrer Verlagerung treten Unterschiede auf (vgl. hierzu und zum folgenden Abschnitt die Abb. 21—26).

Die im Bereich des Zentrums 0 entstandenen Neuroblasten bilden 4 Gruppen:

Gruppe 0a liegt caudolateral und erstreckt sich vom Deutocerebrum bis zu den optischen Ganglien bzw. teilweise über sie hinweg.

Gruppe 0b beginnt etwas weiter median und reicht frontal-lateral bis auf die Dorsalfläche des Protocerebrum.

Diese beiden Gruppen umfassen ungefähr die Hälfte aller Neuroblasten des Protocerebrum. In ihren medianen Bereichen sind sie besonders bei *Carausius* kaum deutlich zu trennen. Lateral schiebt sich aber eine neuroblastenfreie Zone dazwischen, was bei *Periplaneta* schon sehr frühzeitig zu erkennen ist (bereits im späten Stadium B), indem sich hier die Neuroblastenbildung in zwei Zungen nach frontal-lateral und caudal-lateral fortsetzt. Bei der Entstehung der optischen Ganglien spielt diese Zone eine bedeutende Rolle (s. d.).

Gruppe 0c liegt an der dorsalen Fläche des 2. Protocerebrallobus und grenzt lateralwärts dicht an die optischen Ganglien. Diese kleine Formation enthält nur wenige Neuroblasten (*Per.* 5—6, *Car.* 6—8).

Gruppe 0d wird von den frontal gelegenen Neuroblasten des 3. Protocerebrallobus gebildet. Median grenzt sie an den 4. Protocerebrallobus, der durch die vollständig abgehobene Epidermis gekennzeichnet ist, während diese im Bereich der Gruppe *0d* am längsten mit der Gehirnanlage verbunden bleibt. Hier entstehen die Pilzkörperglobuli. Solange sich deren Zellen noch nicht von den übrigen unterscheiden, ist keine genaue Grenze zur Gruppe 0b hin zu ziehen.

Die aus den frontalen Zusammenballungen (Zentrum 1A) entstandenen Gehirnteile weisen 3 Gruppen von Neuroblasten auf:

Gruppe 1Aa liegt frontal an der Ventralseite des Lobus (bei *Carausius* dichter an die Pilzkörpergruppe herangerückt). Die Anzahl der hierher gehörenden Neuroblasten ist sehr gering (2—4). Auch scheint ihre Lage ziemlich veränderlich zu sein. Dasselbe gilt für die

Gruppe 1Ab, die an der Ventralfläche caudomedian zu liegen kommt.

Gruppe 1Ac befindet sich caudal an der dorsalen Oberfläche des 4. Protocerebrallobus. Hier handelt es sich um eine etwas größere Ansammlung von Neuroblasten. Außer in dieser Gruppe ist die Anordnung der Neuroblasten im medianen Teil des Protocerebrum ziemlich diffus. Schließlich gehört zum Protocerebrum noch die

Gruppe 1B. Sie ist aus dem Zentrum 1B entstanden und liegt vor dem Deutocerebrum. Ihre Zellprodukte gehören eindeutig zum 4. Protocerebrallobus. In der regelmäßigen Anordnung ihrer Neuroblasten und der Struktur ihrer Zellmassen nach ähnelt diese Gruppe allerdings eher den lateralen Teilen des Protocerebrum, denen sie sich auch dicht anschließt.

Gruppe 2 stellt die Anlage des Deutocerebrum dar. Die 14—15 Neuroblasten zeigen, da sie auf die Ventralseite der Ganglienanlage beschränkt sind, eine größere Dichte (ähnlich den Bauchganglien). Die geschlossene Schicht weist lateral eine stärkere Wölbung auf.

Gruppe 3 enthält die Neuroblasten des Tritocerebrum. Sie liegen hauptsächlich in der caudalen Hälfte der Ganglienanlage. Der bei *Carausius* zunächst einzeln liegende Oberlippenneuroblast (Abb. 18) ist bei *Periplaneta* ebenfalls zu erkennen, löst sich aber nie so stark vom Verband der übrigen Neuroblasten.

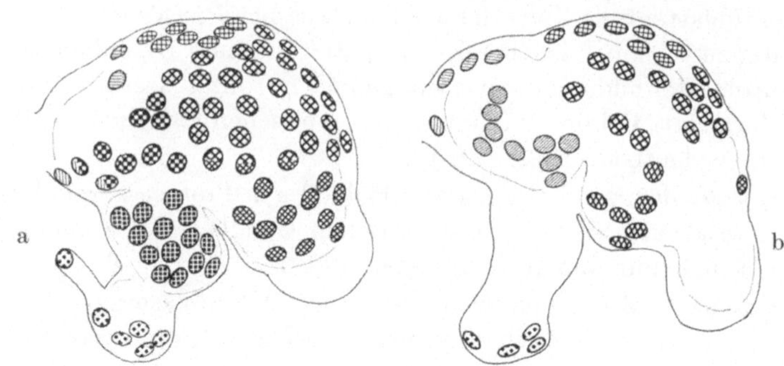

Abb. 21a u. b. *Carausius*, Stadium D2

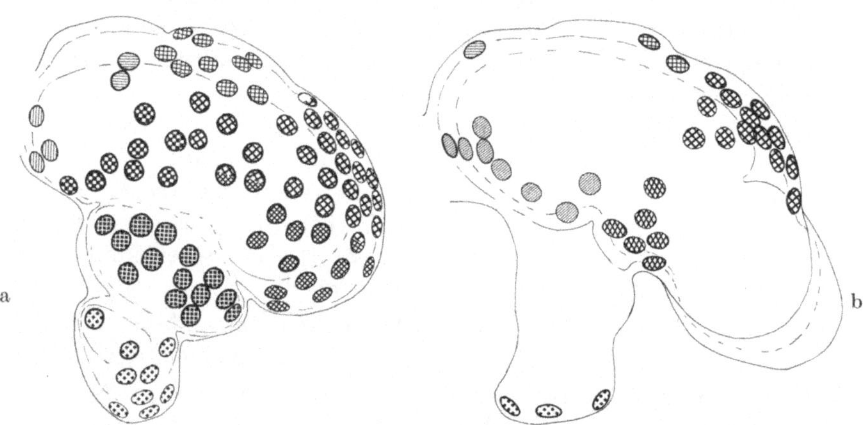

Abb. 22a u. b. *Carausius*, Stadium E2

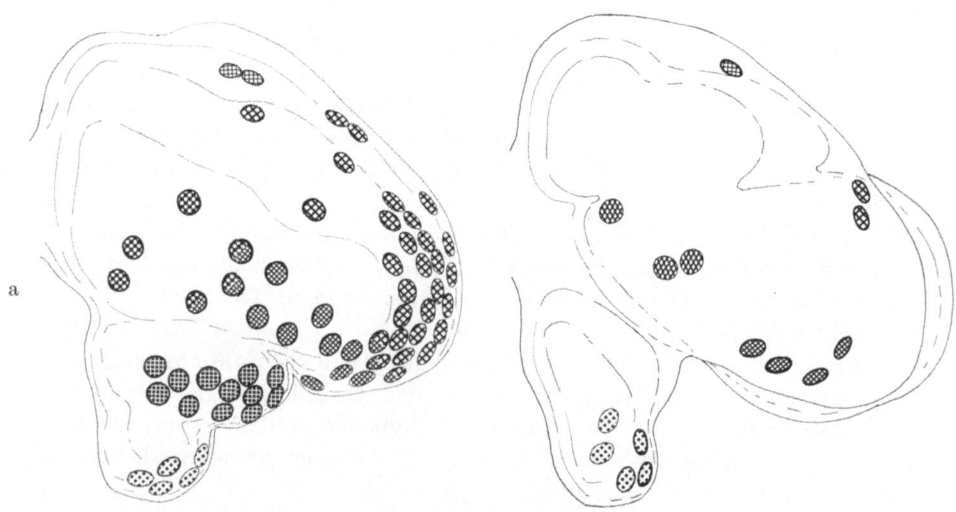

Abb. 23a u. b. *Carausius*, Stadium G1

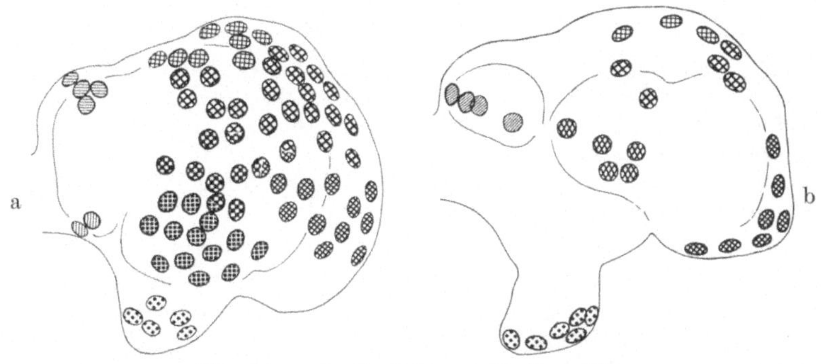

Abb. 24a u. b. *Periplaneta*, Stadium E2

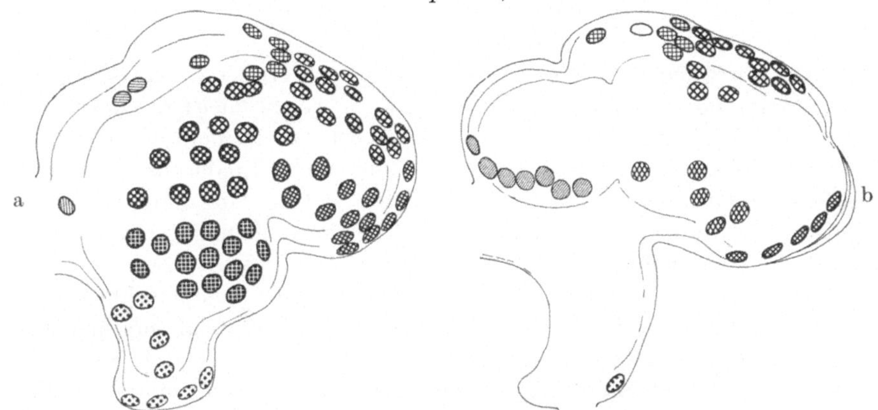

Abb. 25a u. b. *Periplaneta*, Stadium F2

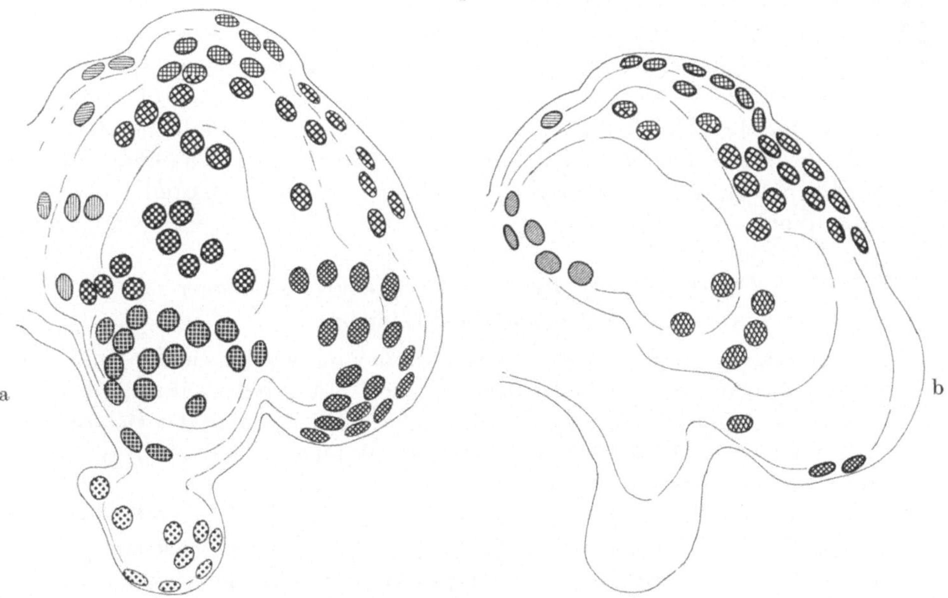

Abb. 26a u. b. *Periplaneta*, Stadium G2

Zu den Abbildungen 21—26. Auf verschiedenen Entwicklungsstufen ist die Lage der Neuroblasten und ihre Anordnung zu funktionellen Gruppen dargestellt. Die Abbildungen a zeigen jeweils den ventralen, die Abbildungen b den dorsalen Teil einer Gehirnhälfte. Beide Teile sind von ventral gesehen. In den Abbildungen a wölbt sich also die Neuroblastenschicht nach oben, in den Abbildungen b nach unten. In der Zeichnung oben = frontal, links = median.

Die verschiedenen Raster bedeuten:

Gruppe 0a,   Gruppe 0b,   Gruppe 0c,   Gruppe 0d,

Gruppe 1 Aa,   Gruppe 1 Ab,   Gruppe 1 Ac,   Gruppe 1 B,

Gruppe 2,   Gruppe 3.

Bei Neuroblasten, die zwei verschiedene Raster zeigen, konnte die Zugehörigkeit nicht genau ermittelt werden.

Die einzelnen Ganglien Proto-, Deuto- und Tritocerebrum sind bei *Carausius* durch äußere Einschnürungen, in welche meist die darüberliegende Epidermis etwas versenkt wird, deutlicher getrennt als bei *Periplaneta*. Besonders bemerkenswert ist eine solche Epidermisleiste zwischen den Gruppen 0a/b und 1 B. Sie bezeichnet also die an dieser Stelle aus der Neuroblastenanordnung nur schwer zu erkennende Grenze des 4. Protocerebrallobus.

Die Lücken an der Dorsalseite vergrößern sich hauptsächlich dadurch, daß sich die Gruppen 0c und 1 Ac weiterhin caudal verschieben. An der Ventralseite zeigen die Neuroblasten dagegen die Tendenz, sich lateral- bzw. caudolateralwärts zu verlagern. Diese Erscheinung wird zunächst bei *Carausius* in den Stadien F—G besonders deutlich und steht im Zusammenhang mit der schon erwähnten Änderung der Produktionsrichtung. Hauptsächlich in den medianen Bereichen werden dabei schon die ersten Neuroblasten zurückgebildet. Die Verlagerung erfolgt bei *Periplaneta* dagegen erst viel später, nachdem die zweite Neuroblastengeneration ihre Tätigkeit aufgenommen hat. Sicher sind zu diesem Zeitpunkt ein Teil der alten Neuroblasten schon verschwunden. Der Rest wird von den mächtigen Anlagen der Pilzkörperglobuli nach caudolateral abgedrängt.

IV. Die Entwicklung der Gehirnteile und -strukturen

1. Die optischen Ganglien

Im späten Stadium A sind in den caudolateralen Ecken der Kopflappen die Anlagen der optischen Ganglien festzustellen. Ihre Zellen haben sich zu einer deutlichen Struktur formiert, bevor in der Gehirnanlage eine verstärkte Zellvermehrung stattfindet, ja bevor sich diese überhaupt von der epidermalen Schicht getrennt hat. (Die Differenzierung der Neuroblasten ist noch im Gange.) Auf Grund ihrer auffälligen Erscheinung ist die Entwicklung der optischen Ganglien lückenlos zu verfolgen. Es zeigen sich 2 Zellanhäufungen, die eine den neurogenen

Gruppen ähnliche Schichtung aufweisen, jedoch größer sind und keine Anzeichen einer Entstehung eigentlicher Neuroblasten (s. Einleitung) zeigen. Die eine, größere liegt dicht am lateralen Rand des Kopflappens, die zweite caudal von ihr und deutlich medianwärts verschoben (Abb. 27 a und b). Die beiden Teile entstehen gesondert und nicht durch Unterteilung einer zunächst einheitlichen Masse, wie überhaupt während der ganzen Embryonalentwicklung der optischen Loben nie eine Entstehung neuer Ganglien oder Zellmassen durch Teilung einer zunächst einheitlichen Masse zu beobachten ist. HANSTRÖM hat einen solchen Vorgang 1928 für die Fasermassen des 2. und 3. optischen Ganglion beschrieben, was aber PFLUGFELDER (1937) widerlegte. Die beiden Anlagen, von denen die caudale dem 1., und die frontal-laterale dem 2. optischen Ganglion entspricht, sondern sich in den folgenden Stadien gegenüber dem dermatogenen Gewebe durch eine deutliche Lücke ab. Untereinander treten sie dagegen in immer engeren Kontakt, wobei besonders bei *Periplaneta* ein Stadium erreicht wird, auf dem sie kaum noch zu unterscheiden sind. Die epidermale Schicht (Augenanlage) scheint dadurch zu entstehen, daß die optischen Ganglien, besonders von lateral her, überwuchert werden (Abb. 27 a, Aa) (Bildungsbereich des Amnion). Von STRINDBERG (1913) wurde bei *Formica* ebenfalls eine Überwallung nach vorhergegangener Versenkung der optischen Ganglien beobachtet. Bei *Eutermes* beschreibt er jedoch eine Art Delamination.

Wenn der laterale Wulst sich umbiegt, wird die größere Anlage des 2. optischen Ganglions wegen ihrer lateralen Lage weiter nach dorsal verlagert als die des ersten. Bis zum Stadium D liegt die Hauptmasse des caudalen Teiles ventral. An der Stelle, wo die beiden Ganglien miteinander verschmolzen sind, findet man Zellen, die etwas größere, weniger chromatinhaltige Kerne besitzen (Abb. 28). Von hier aus findet die Zellvermehrung beider Teile statt, indem das Material des 1. optischen Ganglion nach caudal und das des zweiten nach frontal abgeschoben wird. Die entstehenden Fasern führen zunächst (Stadium C—D) medianwärts von den Zellmassen weg, wobei beide Ganglien von Anfang an getrennt sind (Abb. 28). Dann werden sie aber allmählich von allen Seiten vom Zellmaterial umschlossen. Dabei umwächst besonders das 2. Ganglion seine Faserteile, so daß Zellkörper auch an der medianen Seite zu liegen kommen, während das erste in der Form einer flachen Kappe caudal aufliegt. Die Fasern führen jetzt frontal-medianwärts zum 2. Protocerebrallobus. Die zunächst nur lateral gelegene Bildungszone dehnt sich stark in die Länge und legt sich gleich einem schmalen, vielleicht auch unterbrochenen Gürtel zwischen den beiden Ganglienanlagen um die ganze Zellmasse herum (Stadium E, Abb. 31). Allem Anschein nach fungiert der ventral-mediane Teil dieses Gürtels hauptsächlich als Bildungsherd des 1. optischen Ganglion, das im folgenden dorsolateralwärts

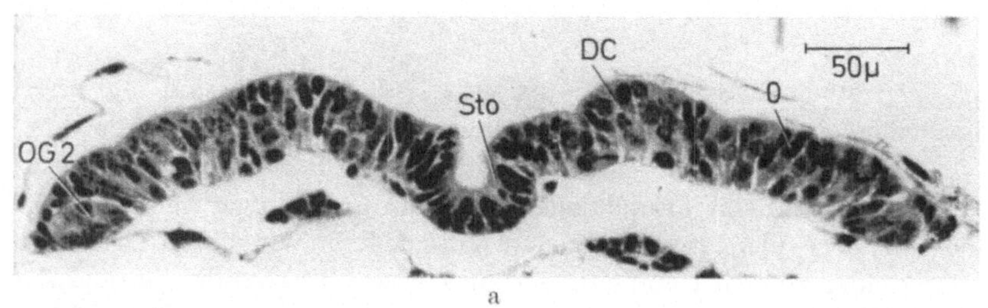

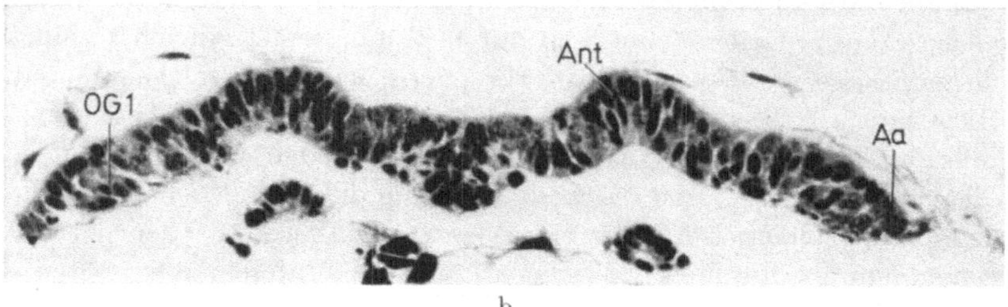

Abb. 27a u. b. Querschnitte durch den Keim von *Carausius* (Stadium A 2) auf Höhe der optischen Ganglien. a liegt frontal von b. *0* Protocerebrum, Zentrum 0, *Aa* Augenanlage, *Ant* Antenne, *DC* Deutocerebrum, *0 G 1*, *0 G 2* Anlage des 1. und 2. optischen Ganglion, *Sto* Stomodaeum

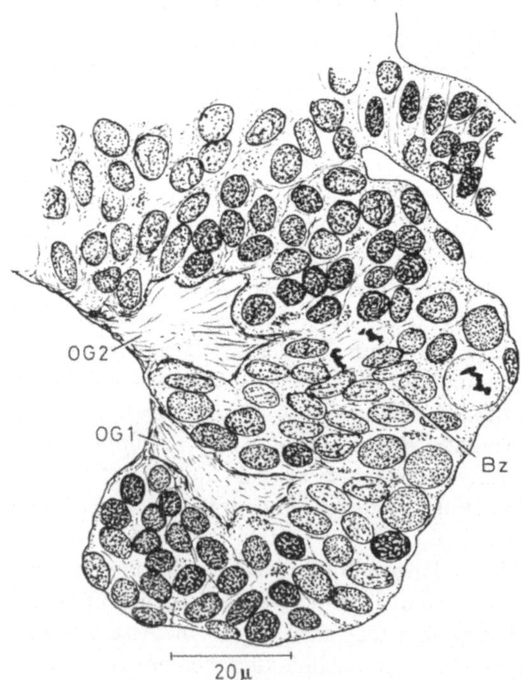

Abb. 28. *Carausius*, Stadium C. Die ersten Faserteile der optischen Ganglien (*0 G 1* und *0 G 2*) treten in Erscheinung. *Bz* Gemeinsame Bildungszone der beiden Ganglien

nach vorne wächst (Pfeil in Abb. 31), während von dorsal aus der Zuwachs des 2. optischen Ganglion ungefähr in entgegengesetzter Richtung erfolgt. Vom späten Stadium G an, wo sich die Entstehung der endgültigen Kopfform anbahnt, verändert auch das Auge seine Lage zum optischen Lobus und rückt weiter nach vorne. Das 1. optische Ganglion macht diese Wanderung mit und verschiebt sich über die ventrale Fläche des zweiten hinweg nach frontal, wo es auch im larvalen Gehirn zu finden ist.

Die hier geschilderten Entwicklungsvorgänge wurden bei *Carausius* beobachtet. *Periplaneta* weicht insofern davon ab, als die Lage des Lobus opticus etwas anders ist. Er liegt mehr dorsal in den Zellmassen des Protocerebrallobus und ragt seitlich kaum über dessen laterale Begrenzung vor. Prinzipiell sind jedoch keine Unterschiede zu *Carausius* festzustellen. Das gilt auch für den 3. Teil der optischen Ganglien, die Medulla interna. Er entsteht, verglichen mit den beiden ersten, viel später, was eine Anlehnung an die Verhältnisse bei vielen Holometabola darstellt, wo dieses Ganglion erst im imaginalen Gehirn zu finden ist. Sein Entstehungsort liegt im lateralen Teil des 2. Protocerebrallobus. Auch bei *Apis*, wo das Ganglion erst im Vorpuppen- und Puppenstadium zur Ausbildung kommt, entsteht es nach Panov (1960) als lateraler Vorsprung des Protocerebrallobus.

Im späten Stadium D ist im lateralen Bereich des Protocerebrum dicht beim 2. optischen Ganglion eine neuroblastenfreie Zone zu beobachten. Bald zeigen sich in diesem Bezirk deutlich geschichtete Zellen mit zum Teil etwas größeren Kernen, wie es Abb. 30 darstellt. Etwas später hebt sich die ganze Masse deutlich von den Ganglienzellen des Protocerebrum ab. Ihre äußeren, mehr ventral gelegenen Teile fallen durch höheren Plasmagehalt auf. Die Anlage hat die Form eines Keiles, der mit der Spitze dorsocaudalwärts zeigt und sich anschickt, in die Nervenfasermassen zwischen Protocerebrum und Medulla externa einzudringen. Die Lücke, die bei ihrer allmählichen Versenkung in die Tiefe entsteht, wird von den lateralwärts rückenden Neuroblasten des 2. Protocerebrallobus geschlossen. Da sich in den folgenden Stadien die beiden ersten Ganglien gegenüber dem Protocerebrum nach dorsal und frontal verschieben, muß auch das 3. Ganglion seine Lage verändern. Es stellt gewissermaßen ein Verbindungsglied zwischen diesen Gehirnteilen dar, da seine Wachstumszone im Protocerebrallobus und sein „Bestimmungsort" im Lobus opticus liegt. So erklärt sich seine Lage im Stadium G von ventral nach dorsal. Die ältesten Teile des Keiles sind weit in die Fasermassen eingedrungen und haben die vom 1. und 2. optischen Ganglion kommenden Nerven dorsal und caudal zusammengedrängt. Proximal konvergieren die Fasern jedoch wieder und in diese Erweiterung dringen die Neuriten der neuen Anlage ein und bilden so die Fasermasse des

10*

3. optischen Ganglions (Abb. 29). Die zellulären Teile konzentrieren sich mehr und mehr, während der Bildungsherd weiter nach caudal wandert, so daß er im Stadium H sogar etwas hinter der Fasermasse liegt. Damit wird ein der Wachstumsrichtung des 2. optischen Ganglions fast entgegengerichteter Zuwachs erreicht (Abb. 31 c). Die Chiasmen zwischen den optischen Ganglien entstehen also auch hier durch gegeneinander gerichtetes Wachstum, wie es PFLUGFELDER (1937) bei *Culex* und bei Hemipteren beschrieben hat. Wie gezeigt werden konnte, werden aber

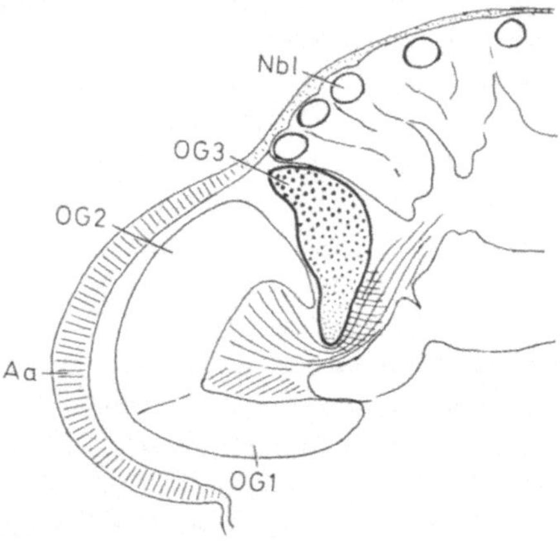

Abb. 29. Einwanderung der Zellmassen des 3. optischen Ganglion in den Lobus opticus. Rekonstruktion aus mehreren Horizontalschnitten. *Aa* Augenanlage, *Nbl* Neuroblasten des 2. Protocerebrallobus. *O G1, 2* und *3* Zellmassen des 1., 2. und 3. optischen Ganglion

bei *Carausius* und *Periplaneta* die einzelnen Wachstumszonen erst während der Entwicklung durch Verlagerung zueinander in Opposition gebracht.

Die erste Anlage des 3. optischen Ganglion ist anhand ihrer Lage und Struktur einwandfrei mit den in der Literatur mehrfach und unter verschiedenen Bezeichnungen erwähnten „inter- oder intraganglionalen Verdickungen" zu identifizieren. Dabei muß aber berücksichtigt werden, daß auch frühembryonale, epidermale Strukturen, die etwas weiter zwischen die Gehirnloben vordringen, diese Bezeichnung tragen. Solche beschreibt z.B. STRINDBERG (1913). Diese Strukturen bleiben aber epidermal und haben nichts mit Zellmassen zu tun, die VIALLANES (1889) bei *Mantis* (bourrelets intraganglionaires) und WHEELER (1893) bei *Xiphidium* (intraganglionic thickenings) auf späteren Stadien zwischen 1. und 2. Protocerebrallobus finden konnten. Eine Versenkung dieser später entstandenen Teile ins Innere, wo sie sich zwischen Lobus opticus und 2. Protocerebrallobus schieben, beschreibt außer den genannten Autoren

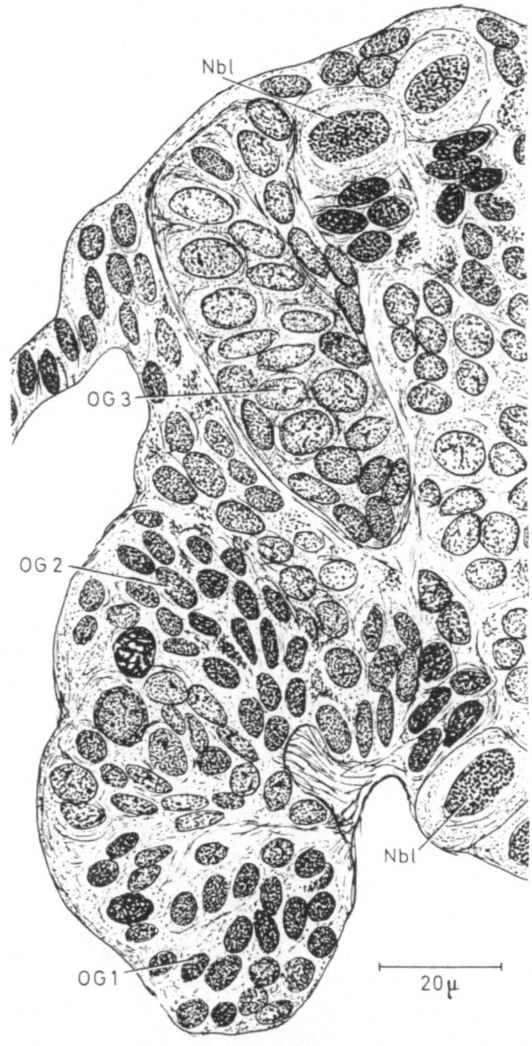

Abb. 30. Anlage des 3. optischen Ganglion bei *Carausius* (*O G3*)

auch Heymons (1895). Daß es sich bei den späteren Strukturen nicht um eine Weiterentwicklung der frühembryonalen Verdickungen handelt, erkennt Baden (1937). Er beschreibt bei *Melanoplus differentialis* ein Verschwinden der frühen Strukturen und beobachtet erst viel später eine zwischen optischem Ganglion und Protocerebrum eingeschobene Zellmasse, welcher er allein die Bezeichnung „intraganglionic thickening" zuerkennt. Über ihr weiteres Schicksal macht er allerdings keine Angaben.

Die oben genannten Autoren halten ein völliges Verschwinden für wahrscheinlich. Bauer erkannte schon 1904 die Neubildung optischer Ganglien aus Bildungsherden während der Larvalentwicklung verschiedener Holometabolen. Er identifizierte ferner einen dieser Herde mit dem „bourrelet intraganglionaire" Viallaness. Um so erstaunlicher ist es,

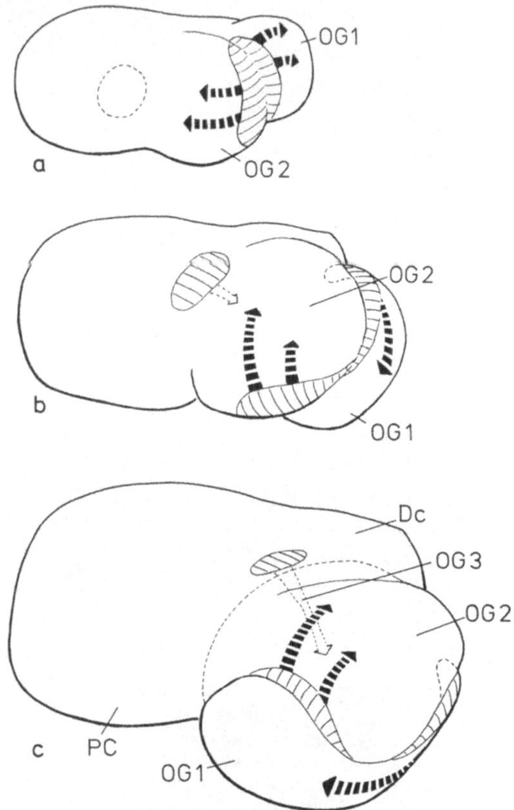

Abb. 31. Schematisch räumliche Darstellung der Entwicklung der optischen Ganglien (von lateral gesehen). Schraffiert = Bildungszonen der Ganglien, Pfeile = Wachstumsrichtung der Ganglien. *Dc* Deutocerebrum, *PC* Protocerebrum

daß spätere Autoren die interganglionalen Verdickungen offenbar nicht als optische Bildungsherde erkannten.

2. Der zweite Protocerebrallobus

Durch die regelmäßige Neuroblastenanordnung macht dieser Gehirnteil von Anfang an einen sehr homogenen Eindruck. Entsprechend homogen zeigen sich die dazugehörenden, auf späterem Stadium erscheinenden

Faserteile. Einige Faserbündel fallen aber auf, die sich auf die in Abschnitt E III. beschriebenen Gruppen 0a, b und c aufteilen lassen.

Die Neuroblastengruppe 0a und das von ihr produzierte Zellmaterial liegt auch auf spätem Stadium noch ventral der optischen Ganglien. Aus diesen Zellmassen entspringen außer einigen kleineren Faserteilchen drei auffallende Faserstränge. Zwei davon dringen caudal ins Neuropilem ein, einer biegt nach frontal um und zieht dann medianwärts.

Der 2. Teil, aus der Gruppe 0b hervorgegangen, legt sich lateral um die Corpora pedunculata herum. Aus seinem ventral-lateralen Bereich ziehen Fasern hauptsächlich in das Gebiet, wo sich der Pedunculus aufteilt. Ein Bündel läuft direkt durch diese Verzweigung. Hier handelt es sich vermutlich um das Fasersystem, das später den Protocerebrallobus mit allen Teilen der Corpora pedunculata verbindet und das GOLL (1967) anhand von Versilberungen von *Formica*-Gehirnen beschrieben hat. Der lateral-caudale Bereich wird durch die Größenzunahme der Corpora pedunculata und die spätere Frontalverschiebung der optischen Ganglien stark zusammengedrängt. Bei der jungen Larve von *Carausius* liegt er als länglicher Wulst lateral der Corpora pedunculata, bei *Periplaneta* wird sein Material wohl hauptsächlich caudoventral verdrängt.

Der Komplex der Gruppe 0c ist in seiner Entwicklung am deutlichsten zu verfolgen, nicht zuletzt wegen seiner innigen Verbindung mit dem Lobus opticus. Schon in den Stadien B und C wölbt sich seine Zellmasse, dort wo der Lobus opticus aus dem Protocerebrallobus hervortritt, medianwärts über die Dotteroberfläche vor. Zeitweilig liegen einzelne seiner Neuroblasten so dicht dem 2. optischen Ganglion an, daß der Eindruck entsteht, sie würden Zellen dieses Ganglion produzieren. Die später entstehenden Fasern ziehen einmal zum medianen Teil des Protocerebrum und zum anderen in die Fasermassen des 3. optischen Ganglion (oder in den unmittelbar proximal davon liegenden Verbindungsteil zum Protocerebrum).

3. Die Corpora pedunculata

Die verschiedene Differenzierungsstufe der Corpora pedunculata der untersuchten Arten bringt es mit sich, daß auch in der Ontogenese z. T. erhebliche Abweichungen auftreten (vgl. Abb. 35). Deshalb soll die Entwicklung der beiden Arten getrennt beschrieben werden.

Bei *Carausius* zeigen sich die ersten Faserstrukturen im Bereich des 3. Protocerebrallobus im Stadium D. Dabei handelt es sich um zwei deutlich getrennte Faserstiele, die dorsoventral hintereinander liegen. Die zunächst einheitliche Neuroblastengruppe 0d teilt sich im Stadium E in eine dorsale und eine ventrale Gruppe, die beide eine langgestreckte Form zeigen (Abb. 22a und b). Währenddessen wird die Doppelnatur der beiden Faserteile immer deutlicher. Im dorsalen Teil sind die einströmenden

Fasern zahlreicher, geordneter und bilden einen längeren Stiel. Nun beginnen die beiden Faserteile zusammenzurücken. Bis zum Stadium F sind die im Neuropilem liegenden Teile vereinigt, zu den Globuli hin weichen die Fasern jedoch noch auseinander und die Neuroblastengruppen sind nach wie vor voneinander getrennt. Die Kerne der Globuli unterscheiden sich durch dunklere Färbung etwas von denen des Protocerebrallobus. Noch deutlicher wird dieser Unterschied ungefähr im

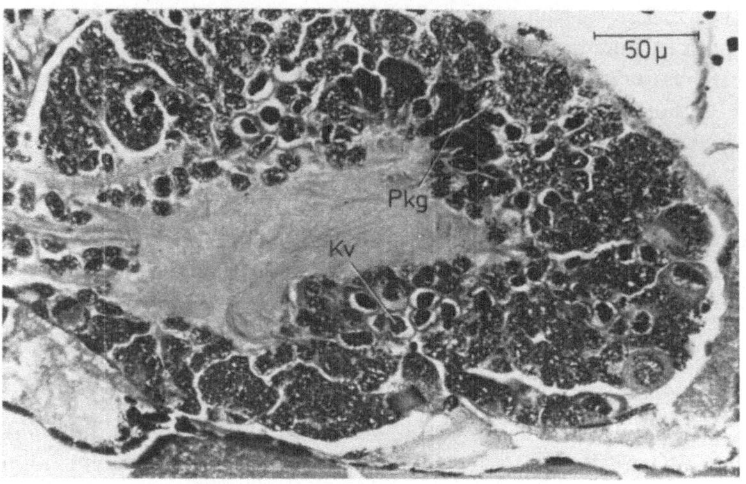

Abb. 32. Protocerebrallobus von *Carausius* im Stadium E. *Kv* Kerne mit Chromatinverklumpung, *Pkg* proximaler Teil der Pilzkörperglobuli

Stadium G, wenn die umliegenden Kerne die geschilderte Chromatinverklumpung zeigen. Von den Neuroblasten beider Gruppen sind die peripheren verschwunden. Die zentralen jedoch, jeweils 2—3, wandern in die von ihnen produzierten Zellmassen hinein auf die beiden Faserteile zu und bilden dort 2 Zentren, von denen aus die Zellproduktion fortgesetzt wird. Dadurch werden die alten Zellen, die bereits Fasern ausgebildet haben, um die Zentren herum abgedrängt und die Faserteile zweifach eingebuchtet (Abb. 33). Glomerulöse Strukturen bilden sich innerhalb der Fasern. Die ganze Anlage weist große Ähnlichkeit mit einfachen doppelbechrigen Pilzkörpern auf. So zeigen z. B. Larven von Holometabolen, deren Pilzkörper noch nicht vollständig entwickelt sind, derartige Bildungen (Streckmade von *Apis mellifica*, KIETZ. 1960). Die Doppelnatur der Corpora pedunculata hat beim *Carausius*-Embryo damit ihren Höhepunkt erreicht und verschwindet im letzten Drittel der Embryonalentwicklung allmählich wieder. Je mehr der Calyx an Fasermasse gewinnt, um so mehr nimmt er eine halbkugelige Gestalt an, wobei die beiden frontalen Einbuchtungen ausgefüllt werden. Durch die weitere

Produktion der letzten Neuroblasten nehmen auch die Globuli noch an
Volumen zu und wölben sich bald an der Frontalseite des Gehirns nach
vorne. Die Faserteile sind jetzt fast in ihrer endgültigen Form ausgebildet. Der Pedunculus verläuft bogenförmig bis zur ventralen Neuro-
pilemgrenze, wo er den α-Lobus abgibt, der ganz ventral bis zum Calyx
zurückführt. Vom β-Lobus, der später aufgeteilt ist (HANSTRÖM, 1940),
ist nur ein einheitlicher Faserstrang zu beobachten, der sich medianwärts

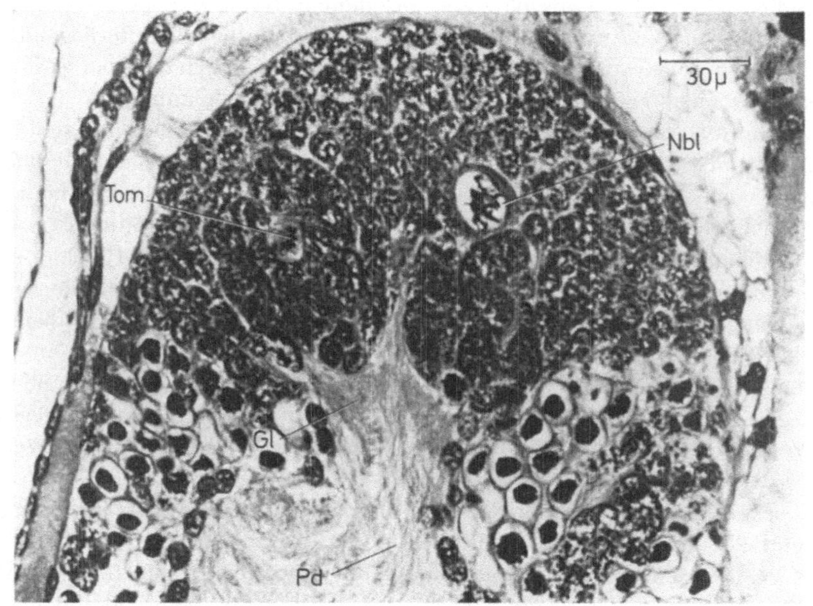

Abb. 33. *Carausius*, Stadium G. Anlage der Corpora pedunculata einer Gehirnhälfte
im Längsschnitt. Die beiden Teilungszentren sind in die Globulimassen versenkt.
Gl Glomerulöse Faserteile, *Nbl* versenkter Neuroblast, *Pd* Pedunculus,
Tom Tochterzelle in Teilung

erstreckt und beim Zentralkörper endet. Im Pilzkörper des ersten Larven-
stadiums treten als Zeugen einer bipolaren Entstehung nur noch zwei
einzelne Neuroblasten auf, die letzten des larvalen Gehirns.

Doppelt angelegte Faserstiele, wie bei *Carausius*, sind bei den frühen
Stadien von *Periplaneta* nicht festzustellen. Die Faserbildung im Bereich
der Corpora pedunculata ist bis zum Stadium E nur sehr spärlich. Ungefähr im frühen Stadium F zeigt sich an der Frontalseite des Protocerebrum ein Komplex plasmareicher Zellen, der peripher in die Zellkörperschicht eingelagert ist. Es handelt sich um die ersten erkennbaren
Globulizellen. Die ursprünglich gleichmäßig verteilten Neuroblasten dieses
Gebiets liegen jetzt an den Rändern der ungefähr scheibenförmigen

Anlage. Dabei bilden sie eine mehr oder weniger deutliche, nach median geöffnete Halbellipse (Abb. 25). An 2 Stellen sind die Neuroblasten etwas gehäuft. Die Anhäufungen liegen lateral und ungefähr dorsoventral hintereinander. In den Globulimassen, die im Gegensatz zu *Carausius* nur etwa die Hälfte der Zellkörperschicht durchdringen, erscheinen etwas später die ersten Fasern. Offenbar entstehen sie auch bipolar, also aus zwei verschiedenen Globuligruppen, sind jedoch von Anfang an zu einem einheitlichen Stiel vereinigt, der aus dem unteren Drittel der Anlage — deutlich medianwärts verschoben — durch die darunterliegenden Zellen ins Neuropilem vordringt. Da er hauptsächlich durch die Zellkörperschicht verläuft, tritt er sehr deutlich in Erscheinung.

Im folgenden teilt sich der Faserstiel von distal her langsam in 2 Hälften auf (Abb. 35), woraus sich schließen läßt, daß auch die Globulimasse eine fortschreitende Unterteilung erfährt, die sich schon in den beschriebenen Neuroblastenanhäufungen anbahnte. Die im Stadium G—H entstehenden Neuroblasten der 2. Generation sind bedeutend kleiner als die ursprünglichen, teilen sich aber inäqual, wobei ebenfalls kurze Zellreihen entstehen. Sie konzentrieren sich bald an 2 Stellen der Oberfläche, ungefähr über den beiden mehr und mehr auseinanderweichenden Faserstielen. Es entstehen 2 Zentren, die zwar medio-lateral nebeneinanderliegen, wobei aber die mediane deutlich ventral, die laterale dagegen dorsal verschoben ist. Entsprechend weichen auch die beiden Wurzeln des Pedunculus medioventral und dorsolateral auseinander.

Im Stadium H—I enthält die umfangreiche Pilzkörperanlage ungefähr 40 Neuroblasten, 15 in jedem Zentrum und in den Randpartien etwa 10, welche wahrscheinlich denen der ersten Generation entsprechen. Dann werden beide Zentren in die Tiefe versenkt, während die peripheren Neuroblasten allmählich ihre Tätigkeit aufgeben. Die älteren Zellmassen werden seitlich und zur Peripherie hin verdrängt (vermutlich wird der Eindruck einer Versenkung der Neuroblasten durch eine Überwallung durch diese Zellen wesentlich verstärkt) und die neuen Tochterzellen geraten in unmittelbare Nachbarschaft zu den Faserenden. Indem die Pilzkörper mit anderen Fasersystemen des Gehirns Verbindung aufnehmen, kommt es durch die vielfache Synapsenbildung zu einer erhöhten Volumenzunahme der Faserteile. Dadurch geht die Aufspaltung im Bereich des Pedunculus wieder etwas zurück, während sich distal die eigentlichen Calyces bilden.

Die versenkten Zentren zeigen während der letzten Phase der Embryonalentwicklung und bei der Larve eine intensive Vermehrung ihrer Elemente, aus der eine starke Größenzunahme der Corpora pedunculata resultiert (NEDER, 1959).

Da bei beiden untersuchten Arten zwei versenkte Teilungszentren auftreten, die im einen Falle (*Periplaneta*) zu großen, becherförmigen

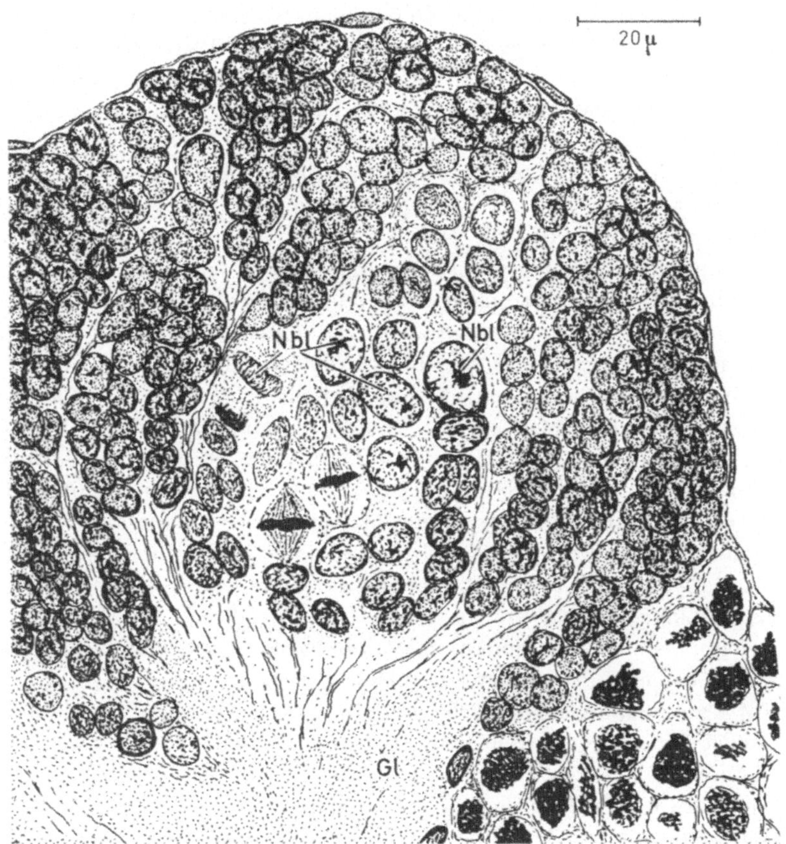

Abb. 34. Anlage des medianen Pilzkörpers von *Periplaneta* mit den versenkten Neuroblasten des Teilungszentrums *Nbl* und den glomerulösen Teilen des Calyx *Gl*. Links ist der proximale Teil des lateralen Calyx zu sehen. Zwischen beide Calyces schieben sich — im Gegensatz zu *Carausius* — Zellkörper

Calyces führen, kann man annehmen, daß auch bei *Carausius* die Potenz zur Bildung von Doppelbechern vorhanden ist, welche ja auch vorübergehend in Form der doppelt eingebuchteten Faserteile angelegt werden. Der Grund dafür, daß becherförmige Gebilde hier nicht zustande kommen, ist darin zu suchen, daß die beiden Zentren nach ihrer Versenkung ihre intensive Teilungstätigkeit einstellen und nur noch geringfügig Zellen produzieren, was schon daran zu erkennen ist, daß keine zweite Neuroblastengeneration auftritt. Bei *Periplaneta* dagegen werden die zuerst entstandenen Globulizellen immer weiter vom Zentrum weggeschoben, wobei sich die etwas jüngeren dann zur Oberfläche hin gruppieren, was die Entstehung von becherförmigen Faserteilen geradezu fordert. Bei anderen Blattiden treten nicht so hoch entwickelte Pilzkörper auf (*Ectobius lapponicus* nach HANSTRÖM, 1940. Abb. 240), bei denen die Globulizellen nicht in eine andeutungsweise vorhandene Höhlung der Calyces eindringen. Ähnliche Verhältnisse liegen auch bei *Mantis religiosa* vor. Von dieser Art standen mir einige alte Embryonen zur Verfügung, die in den Pilzkörpern zwei deutliche, aber nur schwach versenkte Zentren zeigten. Der Grad der Versenkung der Zentren und die Dauer ihrer Teilungstätigkeit sind also als bedeutende Faktoren bei der Ausbildung der Corpora pedunculata anzusehen.

Ähnliche Teilungszentren liegen auch im Gehirn holometaboler Insekten während des Puppenstadiums vor. So konnte GOLL in der oben erwähnten Arbeit bei *Formica* verschiedene Fasertypen feststellen, die von Globulizellgruppen ausgehen, welche verschieden weit vom Zentrum entfernt liegen, also verschiedenes Alter aufweisen (GOLL. 1967. Abb. 5f). Dabei ist bemerkenswert, daß sich die Fasern der am weitesten entfernt liegenden Zellen (Typ IV bei GOLL), die denen entsprechen könnten, die bei *Periplaneta* aus der ersten Neuroblastengeneration entstanden sind, strukturmäßig deutlich von den drei anderen Typen unterscheiden.

Zur Phylogenie der Corpora pedunculata wurden verschiedene Theorien aufgestellt. BRETTSCHNEIDER (1913) stellte an den Anfang der Entwicklungsreihe eine einheitliche Globuligruppe, aus der durch Spaltung die bei vielen Pterygoten zu findende Zweizahl entstand. HOLMGREN (1916) bezog sich dagegen auf die komplizierten Corpora pedunculata bei verschiedenen Apterygoten und war der Ansicht, daß ursprünglich 2 Globuligruppen vorhanden waren. HANSTRÖM (1928) versuchte die Kernpunkte beider Theorien zu verwenden und zu vereinigen. Danach waren bei primitiven Arthropoden 2 Globuligruppen vorhanden, wovon sich eine, und zwar die mediane, zurückbildete. Doppelt ausgebildete Globuli und Glomeruli bei Pterygoten entstanden in Übereinstimmung mit BRETTSCHNEIDER aus der lateralen durch Teilung. Es ist kaum möglich, aufgrund der vorliegenden Untersuchungen zugunsten der einen oder anderen der Theorien zu entscheiden. Bei *Carausius* liegt eine frühzeitige doppelte Anlage vor (in Übereinstimmung mit HOLMGREN), während *Periplaneta* scheinbar eine spätere Aufteilung einer zunächst einheitlichen Anlage demonstriert. Diese Unterschiede betreffen jedoch hauptsächlich die Ausbildung der Faserteile, welche ja sekundärer Natur ist und zudem leicht vom jeweils unterschiedlichen Ablauf der Ontogenese beeinflußt werden kann. Entscheidend ist aber die Bipolarität und das weitgehend gleichartige Verhalten der neurogenen Elemente. Aufgrund der bis jetzt vorliegenden embryologischen Befunde kann daher gesagt werden, daß die Corpora pedunculata der Insekten ontogenetisch doppelt angelegt werden, eine Aussage, die sich wohl auch auf die Phylogenie übertragen läßt. Eine Entstehung der beiden Globuli-

Abb. 35. Verschiedene Entwicklungsstadien der Corpora pedunculata von *Carausius*
(links) und *Periplaneta* (rechts) (vgl. Text)

gruppen aus einer einheitlichen Anlage auf späterem Stadium im Sinne
von HANSTRÖM konnte jedoch ebensowenig beobachtet werden wie die
Rückbildung einer medianen Anlage. Dies schließt natürlich nicht aus,
daß derartige Vorgänge stattgefunden haben, aus der Ontogenese der
Insekten jedoch verschwunden sind.

4. Der vierte Protocerebrallobus

Die Entwicklung dieses Teiles ist bei beiden Arten sehr ähnlich und
es treten nur geringfügige Unterschiede in den Proportionen oder im
zeitlichen Ablauf der Differenzierungsvorgänge auf. Der Gehirnabschnitt

kann in einen frontal-medianen und in einen caudal-lateralen Bereich
aufgeteilt werden.

a) Der frontal-mediane Bereich enthält im fertigen Zustand die
Brücke, den Zentralkörper und die Pars intercerebralis. Er entwickelt
sich aus den frontalen Zusammenballungen. Diese lassen frühzeitig 3 Ab-
schnitte erkennen, einen ventral-medianen Teil, einen frontal und etwas
mehr lateral gelegenen Teil sowie einen, der deutlich abgegrenzt nach
dorsal vorragt. Die beiden ersten enthalten die Neuroblastengruppen
1 Aa und 1 Ab und der letztere die Gruppe 1 Ac, deren Neuroblasten dicht
beisammenliegen und gut abgegrenzt sind. Während der erste Teil hauptsächlich von der geschilderten Caudalverlagerung des medianen Kopfbereiches betroffen wird, gerät der letztere durch seine Lage an dem sich
umbiegenden Keimrand immer mehr nach dorsal und caudal. Im Stadium
D—E kommt er auf diese Weise mit dem sich unter das Protocerebrum
vorstreckenden Coelom des Antennensegmentes in Berührung, welches
sich sogar etwas um ihn herumlegt. Auf diesem Stadium zeigt sich ein
erstes, schon recht umfangreiches Faserbündel, das aus dem frontal-
lateralen Bereich ins Neuropilem eindringt. Am ventral-medianen Teil,
der erst viel später Fasern ausbildet, sondert sich caudal, dicht beim
Deutocerebrum, eine kleine Zellgruppe ab.

Im Stadium E (*Car.*) und F (*Per.*) streckt sich die ventral-mediane
Zellmasse noch etwas mehr in die Länge (besonders bei *Per.*) und liegt
gleich einer flachen Kappe an der Medianseite des Protocerebrum. Die
Abgrenzung zwischen den einzelnen Teilen wird im folgenden immer un-
deutlicher. Im frontal-lateralen Teil hat sich die erste Ausbuchtung des
Neuropilems zu einer kurzen, dorsoventral verlaufenden Rinne erweitert.
Neben dem ursprünglichen kräftigen Faserstiel sind nun auch zahlreiche
Einzelfasern zu beobachten, die von den umliegenden Zellen in die Faser-
massen eindringen. Die Zellkörperschicht nimmt daher eine mehr oder
weniger zerklüftete Form an.

Die Fasern der Brücke werden ungefähr ab dem Stadium G sichtbar.
Teilweise in die Zellmassen eingesenkt, liegt ihr waagrechter Teil etwas
ventral von der Gehirnmitte. Die beiden Schenkel biegen in gleichmäßig
geschwungenem Bogen nach dorsal um, wobei sie in den Rinnen der
frontal-lateralen Teile verlaufen. Sie wurzeln in den Zellmassen des dorsalen Teiles. Der Zentralkörper besteht in diesem Stadium aus einem
starken Komplex von Kommissurfasern, die hauptsächlich aus dem
Deutocerebrum und aus dem Protocerebrallobus kommen. Sein Umriß
wird durch Gliazellen angedeutet, die jetzt allmählich von ventral her
einwandern. Etwas später tritt aus dem ventral-medianen Teil dicht
über der Brücke ebenfalls ein dünnes aber kräftiges Faserbündel aus, das
über der Anlage des Zentralkörpers in die andere Gehirnhälfte zieht. Es
handelt sich um die ersten Fasern des Nervus corporis cardiaci I. Der

Austritt dieses Nerven aus den zentralen Fasermassen ist auf späterem Stadium an der Caudalseite zu beobachten, wo er durch eine kleine Zellanhäufung frontal-median vom Deutocerebrum hindurchwächst, die vermutlich zu dem vom ventral-medianen Teil abgetrennten Zellkomplex (Stadium D—E) gehört. Wie besonders bei *Carausius* zu beobachten ist, wächst aus dieser Zellmasse selbst ein kleiner Faserstiel aus, der zunächst dem ersten entgegengerichtet ist, sich aber später mit ihm vereinigt und dann nicht mehr beobachtet werden kann.

Die Neuroblasten der Gruppe 1Ac rücken im Stadium H medianwärts. Da ein Großteil der Fasern, die durch die Brücke führen, von den Tochterzellen dieser Neuroblasten ausgehen, wird diese durch die Verschiebung noch stärker gekrümmt. Die Neuroblasten liegen zudem caudal im dorsalen Zellkomplex, weshalb die Wurzeln der Brücke ebenfalls etwas nach caudal zu dem dort liegenden undifferenzierten Zellmaterial ziehen. Die Fasern, die aus dem frontal-lateralen Teil hervorgehen und die durch ihre Anordnung die Lage der Brücke mitbestimmen, sind vermutlich identisch mit den von PFLUGFELDER bei Hemipteren beschriebenen, die in den Zentralkörper und in den Protocerebrallobus ziehen, wobei sie Endverzweigungen in die Brücke entsenden. Tatsächlich kann im Stadium H beobachtet werden, daß ein Teil der Fasern zum Zentralkörper zieht, während sich der Rest ins umliegende Neuropilem verfolgen läßt. Gleichzeitig erscheint in der Brücke die glomerulöse Struktur (Punktsubstanz). Nach Beendigung der Zellvermehrung flacht sich die Protocerebralbrücke zusehends ab. Das imaginale Gehirn von *Carausius* zeigt eine ganz flache Brücke, bei *Periplaneta* bleibt sie dagegen gekrümmt.

Im Stadium I läßt sich im Zentralkörper die Fächerstruktur feststellen. Gleichzeitig treten die Faserverbindungen zum Deutocerebrum, die dorsal vom β-Lobus-(Balken) der Pilzkörper verlaufen, deutlich hervor. Diese Fasern erzeugen durch ihre Verzweigungen und Synapsenbildungen die Struktur des Zentralkörpers (GOLL, 1967, Abb. 39). Bei *Carausius* wird gleichzeitig mit der Fächerstruktur, die hier viel stärker ausgebildet ist, die Aufteilung des Zentralkörpers in einen vorderen und einen hinteren Teil sichtbar. Bei *Periplaneta* bleibt sie undeutlich. Auch im imaginalen Gehirn ist der Zentralkörper von *Carausius* differenzierter und stärker gegliedert (HANSTRÖM, 1940). Das Erscheinen der Fächerstruktur in den beiden Teilen ist bei den einzelnen Insekten verschieden. Bei *Carausius* tritt sie zuerst im frontalen Teil auf, bei Hemipteren im caudalen (PFLUGFELDER, 1936).

b) Der caudal-laterale Bereich des 4. Protocerebrallobus entspricht der Anlage des Nebenlappens. Sein Zellmaterial geht aus der Neuroblastengruppe 1B hervor, die sich auf das Gehirnbildungszentrum mit gleicher Bezeichnung zurückführen läßt. Die Gruppe ist bei *Periplaneta* nur schwer von den Neuroblasten des restlichen Protocerebrum (Gruppe 0) abzutrennen (bei *Carausius* dagegen zeitweilig recht gut). Ihre Weiterentwicklung zu den Nebenlappen rechtfertigt jedoch diese Abtrennung.

Bei *Carausius* erkennt man schon frühzeitig (Stadium D), daß ein Teil der die Kommissuren bildenden Fasern aus diesem Bereich entspringt. In den älteren Stadien läßt sich das Gebiet dann eindeutig als Nebenlappen identifizieren, hauptsächlich anhand von Faserverbindungen zum Zentralkörper und durch die caudal verlaufende Kommissur. Bei *Periplaneta* liegt der Nebenlappen weiter lateral, was durch Verschiebung der ersten Anlage aufgrund der starken Caudalverschiebung des medianen Kopfbereiches zustande kommt. HANSTRÖM (1940) beschreibt die laterale Lage auch für das adulte Gehirn der Blattiden, führt sie jedoch auf Verdrängung durch die übermäßige Volumenzunahme der Pilzkörperbalken zurück.

5. Die Entwicklung der Stirnocellen von *Periplaneta*

Die vom 4. Protocerebrallobus abgetrennten Epidermisteile sind bei *Periplaneta* auf frühem Stadium kräftiger entwickelt als bei *Carausius*. Im Stadium D weisen sie frontal ungefähr in der Mitte des 4. Lobus eine zusätzliche Verdickung auf. Ihre Zellen wölben sich etwas später nach innen vor, wo sie mit den Gehirnzellen in Berührung kommen. Diese Erscheinung wird im Stadium F noch deutlicher. Die Anlage des Stirnocellus ragt jetzt zapfenförmig nach innen und hat stark an Volumen zugenommen. Im Stadium G wächst aus seinem proximalen Ende der Nerv aus, dringt aber nicht an der Berührungsstelle, sondern weiter median in den 4. Lobus ein. Da dieser sich verschmälert hat (vgl. Abb. 26), liegt die Anlage jetzt auf der Grenze zum 3. Protocerebrallobus und kommt durch die fortschreitende Volumenzunahme der Pilzkörperglobuli zeitweilig sogar in deren Bereich zu liegen. Spätembryonal differenziert sich die Anlage weiter aus. Ihre Lage ändert sich insofern, als sie mehr auf die Stirnseite des Kopfes rückt. Der Verlauf des Nerven im Neuropilem konnte nicht verfolgt werden.

6. Das Deutocerebrum

Die 14—15 Neuroblasten des Deutocerebrum entstehen aus dem 2. Zentrum und bedecken in dicht geschlossener Schicht die ventrale Oberfläche der Anlage. Das Deutocerebrum ist in allen Phasen gut gegen das Proto- und meist auch gegen das Tritocerebrum abgegrenzt. Bei *Periplaneta* macht es jedoch manchmal Schwierigkeiten, die Neuroblasten im Grenzgebiet zwischen Deuto- und Tritocerebrum zu unterscheiden (vgl. Abb. 21—26).

Sowohl in der Anordnung der Neuroblasten als auch in der äußeren Gestalt zeigt die Anlage des Deutocerebrum von allen Teilen des Gehirns die größte Ähnlichkeit mit den Thorakal- und Bauchganglien. Es ist deutlich zu erkennen, daß hier ein den Körperganglien homonomes, einem Kopfsegment angehörendes Ganglion vorliegt.

Zunächst ist im Deutocerebrum keine Unterteilung der Neuroblasten in verschiedene Gruppen, die denen des Protocerebrum vergleichbar wären, zu beobachten. Lediglich die lateralen Neuroblasten sind deutlich nach dorsal verschoben und bewirken damit die starke Krümmung der Neuroblastenschicht an dieser Stelle. Sobald die ersten Fasermassen etwas größer werden, produzieren die äußeren Neuroblasten an ihnen vorbei nach dorsal, wobei ihre Tochterzellen durch die Faserteile viel weiter voneinander getrennt sind als die Neuroblasten an der Oberfläche. Mit fortschreitender Größenzunahme des Ganglions zeigt sich diese Erscheinung auch bei den zentral gelegenen Neuroblasten, und man kann dann unter Berücksichtigung der Produktionsrichtung eine Grenzlinie ziehen. Ungefähr im Stadium G entstehen auf diese Weise drei oberflächlich noch dicht zusammengeschlossene Neuroblastengruppen. Eine laterale Gruppe, der auch die dorsal verschobenen Neuroblasten angehören, produziert dorsocaudalwärts. Eine mediane Gruppe gibt ihre Tochterzellen an der Innenseite caudal ab, während eine frontale an der Vorderseite nach dorsal produziert. Die zuerst fast kreisrunde Anlage von *Carausius* hat sich an der Ventralseite zu einer ovalen Form abgeflacht. Bei *Periplaneta* ist ab dem Stadium, wo der Kopf wegen der schmalen Form des Eies seitlich zusammengedrängt wird (G—H), eine dreieckige Form des Deutocerebrum zu beobachten.

Ungefähr im Stadium H kann das von den Neuroblastengruppen frisch produzierte Zellmaterial gut von den älteren Zellen unterschieden werden, da sich die letzteren durch Chromatinverklumpung auszeichnen. Jetzt erkennt man, daß sich von den immer noch eng beisammenliegenden Neuroblastengruppen tatsächlich gesonderte Komplexe jüngeren Zellmaterials ins Innere erstrecken, wo sie durch dazwischengelagerte ältere Zellen deutlich getrennt werden. Das Zellmaterial, das aus der lateralen Gruppe hervorgegangen ist, hebt sich an der Außenseite als kantiger, nach dorsal ziehender Wulst ab. Caudal von dieser Partie tritt der Antennennerv aus. Im Gegensatz zu dieser dicken Zellschicht wird die Bedeckung der an Volumen mehr und mehr zunehmenden Fasermasse an der Medianseite spärlicher. Die Zellprodukte der medianen Gruppe erstrecken sich in flacher Schicht hauptsächlich an der Ventralseite.

Erst im Stadium I und später beginnen die Neuroblastengruppen auseinanderzuweichen, hauptsächlich durch die Volumenzunahme der Faserteile, durch welche die Zellschicht sich an der Peripherie flach ausbreitet. Dieser Vorgang führt ja auch in anderen Gehirnteilen, z.B. im

Protocerebrallobus, zur Auflösung embryonaler Zellkomplexe. Einige Neuroblasten stellen gleichzeitig ihre Tätigkeit ein. Die Neuroblastengruppen konzentrieren sich dabei an der Frontalseite der Anlage, während die dorsalen Teile im Zusammenhang mit der Aufbiegung des Gehirns etwas versenkt werden.

Bei *Periplaneta* sind auf sehr spätem Stadium die ersten Antennalglomeruli im ventralen Teil des Neuropilem festzustellen. Bei *Carausius* können derartige Strukturen embryonal nicht beobachtet werden. Eine größere Anzahl von Fasern dringt aus der lateralen Zellgruppe ins Neuropilem ein. Sehr wahrscheinlich handelt es sich um Interneurone, deren Zellkörper bei *Formica* vorwiegend in diesem Bereich liegen (Goll, 1967).

7. Das Tritocerebrum

Die erste Anlage des Tritocerebrum liegt caudolateral vom Stomodaeum. Dabei liegen die vorderen 2—3 Neuroblasten caudo-median vom Deutocerebrum und etwa in der gleichen Ebene mit den Neuroblasten dieses Ganglions. Der hintere Teil des Tritocerebrum erstreckt sich nach dorsal an die Seite des äußeren Stomodaeum und endet in einem etwas abgesetzten Zellkomplex caudal von der Mundöffnung. Er enthält einen Großteil der Neuroblasten und schließt sich an die etwas tiefer (dorsaler) liegende Anlage des Unterschlundganglions an. Im Stadium D ist er, besonders bei *Periplaneta*, gut zu beobachten. An dieser Stelle sind die beiden Hälften des Tritocerebrum einander stärker genähert als frontal (spätere Tritocerebralkommissur). Auf späterem Stadium zeigt die Anlage keine Unterteilung mehr. Sie stellt eine einheitliche Zellmasse dar, die allerdings immer noch caudal tiefer liegt und sich nach frontal wesentlich verschmälert.

Im Stadium G und später lassen sich auf gleiche Weise wie beim Deutocerebrum (anhand des verschiedenen histologischen Bildes von alten und frisch produzierten Zellen sowie der Produktionsrichtung) drei Gruppen von Neuroblasten feststellen, wovon zwei an der Ventralfläche liegen, während die dritte caudolateral nach dorsal verschoben ist. In dieser Gruppe zeichnet sich ein lateraler Neuroblast aus, der seine Tätigkeit sehr lange aufrecht erhält. Ein entsprechender, langlebiger Neuroblast findet sich auch dorsolateral im Deutocerebrum, so daß wohl auch die Gruppen der beiden Ganglien miteinander verglichen werden können. Im Tritocerebrum ist die Gruppierung aber undeutlicher und weniger gut zu verfolgen, weshalb sie nicht weiter untersucht wurde, da auch in den Faserteilen sowohl des embryonalen als auch des larvalen Tritocerebrum keine wesentlichen Strukturen festgestellt werden können.

Der erwähnte Oberlippenneuroblast entsteht bei *Carausius* schon frühzeitig in der abgesonderten neurogenen Gruppe des Zentrums 3 A.

Die Abb. 15 zeigt ihn zu Beginn seiner Produktion, weit vom eigentlichen Tritocerebrum entfernt. Diese Lage an der Basis der Oberlippe behält er auch weiterhin bei, wobei sein Abstand zum nächsten tritocerebralen Neuroblasten im Stadium F ungefähr 3 Neuroblastendurchmesser beträgt (Abb. 18). Die Tochterzellen beider Neuroblasten vereinigen sich, wobei die des Oberlippenneuroblasten stark caudal verlagert werden. Im Stadium D sind die beiden Neuroblasten auch bei *Periplaneta* gut zu erkennen. Der Oberlippenneuroblast liegt aber dicht an den anderen angeschlossen, da die Caudalverschiebung der Oberlippe hier viel weitergeschritten ist. Seine Entstehung konnte bei *Periplaneta* nicht beobachtet werden, wird sich aber wohl dicht bei der eigentlichen Anlage des Tritocerebrum abspielen. Erst später, im Stadium E—F, schließt sich der Neuroblast auch bei *Carausius* an das Tritocerebrum an und zeigt nun eine ähnliche Lage wie bei *Periplaneta*.

Eine eigentümliche Lagebeziehung zeigt der Oberlippenneuroblast zum Frontalganglion, das median von ihm aus dem Dach des vorderen Stomodaeum entsteht. Der Tochterzellstrang, der bei *Carausius* zum Tritocerebrum zieht, liegt genau ventral über dem Frontalkonnektiv. Die Zellprodukte der beiden vordersten Neuroblasten des Tritocerebrum kommen also an dessen Einmündung ins Neuropilem zu liegen. Bei *Periplaneta* liegen zeitweilig beide Neuroblasten über dem Frontalkonnektiv, so daß auch hier eine enge Beziehung gegeben ist.

F. Bemerkungen zum Problem der Kopfsegmentierung

Nach Auffassung der meisten Autoren, die eine Segmentierungstheorie vorwiegend auf embryologische Befunde gründen, sind im Procephalon der Arthropoden, neben dem Acron, 3 Segmente aufgegangen: das prämandibulare oder interkalare Segment, das Antennensegment und das präantennale Segment oder Prosocephalon. Im Gegensatz dazu stehen die Ansichten BUTTs und SNODGRASS', die in Übereinstimmung mit der Holmgren-Hanströmschen Auffassung das Tritocephalon als erstes Metamer betrachten. Alles, was davor liegt, wäre demnach zum Archicerebrum zu zählen.

Das Tritocephalon ist somit das einzige Segment im Vorderkopf, dem metamerer Charakter allgemein zuerkannt wird. Es ist dagegen immer noch umstritten, ob sich an der Bildung frontaler Kopfbezirke Material dieses Segmentes beteiligt. Einige Autoren (BUTT, CHAUDONNERET, IBRAHIM, WADA) sind dieser Ansicht. Das interkalare Material soll auf frühem Stadium das Stomodaeum umwandert haben. Wenn auch die vorliegenden Untersuchungen keine derartigen Verlagerungen von Zellmaterial zeigten, so muß in diesem Zusammenhang doch der Oberlippenneuroblast von *Carausius* erwähnt werden. Man kann aus der frontalen Anlage dieses Neuroblasten schließen, daß, schon bevor Strukturen im

11*

Keim sichtbar werden, dieses Gebiet als zum interkalaren Segment gehörend determiniert ist. Zu diesem Ergebnis kommt auch Wada (1966). Beim jungen Keimstreif von *Tachycines* erstreckt sich der prämandibulare Anlagenkomplex seitlich des Stomodaeum nach frontal bis in die Region, wo beim *Carausius*-Embryo der Oberlippenneuroblast entsteht. Eine Verlagerung von Material nach frontal, die ontogenetisch nicht mehr stattfindet, ist wohl in der Phylogenie vorausgegangen. Bei *Periplaneta* ist dieser Bezirk in dem Stadium, wo der Oberlippenneuroblast erscheint, bereits wieder mit dem Labrum zurückgewandert.

Das Antennensegment zeigt deutliche Merkmale eines echten Metamers — Ganglien und Extremitäten sowie Coelomsäcke mit der charakteristischen Entwicklung (Siewing, 1963). Das Argument, das Butt u.a. anführen, um seine Zugehörigkeit zum Acron und zum Archicerebrum zu beweisen, nämlich die präorale Kommissur, konnte entkräftet werden. Nach Siewing entsteht die Kommissur erst dann, wenn das Stomodaeum bereits hinter der Stelle liegt, an der die Fasern aus dem Ganglion austreten, was von Scholl für *Carausius* und hier auch für *Periplaneta* bestätigt wird. Die Anordnung der Neuroblasten, die Ähnlichkeiten mit der im Tritocerebrum aufweist, kann ebenfalls als Beweis dafür gelten, daß das Deutocerebrum wie das Tritocerebrum als Ganglion eines echten Metamers aufzufassen ist.

Für die Homologie des 4. Protocerebrallobus von *Carausius* mit dem Ganglion 1 — dem präantennalen — der Crustaceen, erbrachte Scholl (1964) Beweise, die hauptsächlich auf der ähnlichen Lage der Ganglien sowie der Ausbildung gleicher Strukturen (Brücke, Zentralkörper, Nebenlappen) beruhen. Bei *Periplaneta* konnte zusätzlich gezeigt werden, daß der Nerv der Stirnocellen in dieses Ganglion eindringt. Das entspricht dem Verhalten der Nerven der Naupliusaugen (Weygoldt, 1960) und der Medianaugen bei *Limulus* (Johannsson, 1933, zit. nach Siewing). Nach Wada entstehen die Stirnocellen bei *Tachycines* zwar ebenfalls im Zusammenhang mit dem 4. Protocerebrallobus, daneben aber auch syngenetisch mit der Oculareinheit. Der Autor zählt daraufhin das ganze Protocerebrum zu dieser Einheit und beweist dies zusätzlich durch den Wegfall einer Zentralkörperhälfte bei Ausschaltung der Augenregion. Letzteres muß allerdings nicht unbedingt ein Beweis für die Zugehörigkeit des 4. Protocerebrallobus zum ocularen Protocerebrum sein, da das Fehlen von Fasern aus anderen Gehirnteilen, die normalerweise am Aufbau des Zentralkörpers beteiligt sind, auch eine Störung der Ausbildung dieser Faserstruktur zur Folge haben könnte. Der Verteilung der Anlagenkomplexe beim jungen *Tachycines*-Keim zufolge (Wada, 1966c, Abb. 1) würde zumindest ein Teil des 4. Protocerebrallobus im Bereich der clypeolabralen Einheit entstehen. Zusammen mit der frühzeitigen Abtrennung der epidermalen Schicht von den medianen Teilen des

Protocerebrum könnten auch die syngenetischen Beziehungen zwischen den beiden Teilen gelöst werden, wobei der 4. Protocerebrallobus allmählich unter den Einfluß der Okulareinheit geraten würde.

SCHOLL beschreibt bei *Carausius* auf älterem Stadium eine deutliche Abgrenzung der Nebenlappen gegen den frontalen Teil des 4. Protocerebrallobus. Daß eine solche Unterteilung auch schon frühembryonal angelegt wird, konnte hier gezeigt werden. Der bei *Periplaneta* gefundene Coelomzapfen erstreckt sich genau unter den Nebenlappen. Seiner Lage nach kommt er dem Präantennencoelom WIESMANNs gleich. Auf keinem Stadium konnte eine Fusion dieses Zapfens mit dem Antennencoelom beobachtet werden, so daß er wohl zum präantennalen Mesoderm zu rechnen ist. Trotz der Ausbildung eines präantennalen Coelomzapfens im Zusammenhang mit den Strukturunterschieden im 4. Protocerebrallobus können WIESMANNs Vermutungen bezüglich der Segmentierung dieses Bereiches nicht vertreten werden. Nach SCHOLL und SIEWING zeigt die Differenzierung des gesamten präantennalen Mesoderms eine weitgehende Übereinstimmung mit Verhältnissen bei Crustaceen, wo dieses Mesoderm einem einzigen Metamer angehört. Ähnlich wie in diesen beiden Fällen entwickelt sich auch das mesodermale Material im Metastomium der Anneliden. Bei *Carausius* und *Periplaneta* geht einer Aufteilung des mesodermalen Materials im präantennalen Segment eine ebensolche, wenn auch nicht immer gleich deutliche, im Bereich des Nervensystems parallel, was seinen Grund ebenfalls in der verschiedenen Weiterentwicklung haben dürfte. Vermutlich stellt der Nebenlappen mit der Kommissur den ursprünglichen Teil des Ganglion dar, während die anderen Teile im Zusammenhang mit ihrer Funktion als Assoziations-

Darstellung der Gehirnbildungszentren, Neuroblastengruppen, der Gehirnteile und Kopfsegmente im Zusammenhang. (Z = Zentrum, Gr = Neuroblastengruppe. Pcl = Protocerebrallobus)

Z	Gr	Pcl	Gehirnteil	Kopfsegment	
Z 0	Gr 0a	1. Pcl	1. und 2. optisches Ganglion	Acron	
	Gr 0b	2. Pcl	adulter Protocerebrallobus excl. Nebenlappen	Archi-cerebrum	Protocerebrum
	Gr 0c		3. optisches Ganglion		
	Gr 0d	3. Pcl	Corpora pedunculata		
Z 1A	Gr 1Aa	4. Pcl	neurosekretorische Zellen der Pars intercerebralis, Brücke, Fasern zum Zentralkörper und Protocerebrallobus	prä-antennales Segment	
	Gr 1Ab				
	Gr 1Ac				
Z 1B	Gr 1B		Nebenlappen		
Z 2	Gr 2		Deutocerebrum	Antennensegment	
Z 3A Z 3B	Gr 3		Tritocerebrum	intercalares Segment	

zentren und Bildungsorte von Neurosekreten stark abgewandelt werden, was sich schon frühembryonal anbahnt.

Die restlichen Teile des Gehirns, die Pilzkörper, der laterale Protocerebrallobus und die optischen Ganglien, gehören zum Acron. Diese Teile, die zusammen das Archicerebrum bilden, entstehen aus dem lateralen Kopflappen des jungen Embryo.

Zusammenfassung

1. In der ektodermalen Schicht sehr junger Keime findet man besonders strukturierte Zellanhäufungen, die als „neurogene Gruppen" bezeichnet wurden. In ihnen entstehen durch äquale Teilung von Neuroblastenmutterzellen die Neuroblasten. Die anderen Zellelemente der neurogenen Gruppen werden zu dermatogenen Zellen.

2. Die Neuroblasten teilen sich fortgesetzt inäqual und geben Zellbänder ab. Innerhalb dieser Zellbänder teilt sich jede Tochterzelle (Ganglienmutterzelle) einmal äqual, senkrecht zur Teilungsebene des Neuroblasten und erzeugt so 2 Ganglienzellen.

3. Im Laufe der Entwicklung nimmt die Neuroblastengröße stark zu. Nach Erreichen eines Höhepunktes werden die Neuroblasten bis zum Ende ihrer Tätigkeit wieder kleiner. Die Größe der unmittelbar abgegebenen Tochterzellen nimmt während der ersten 3 Teilungen stark ab. Dann bleibt sie über längere Zeit ungefähr gleich, um gegen Ende der Teilungsperiode wieder anzuwachsen und sich der Größe der Neuroblasten anzugleichen. Daraus folgt, daß der Grad der Inäqualität der Teilungen zunächst gering ist, dann aber rasch zunimmt, wobei Werte bis 1:9 erreicht werden. Die letzten Teilungen sind aber infolge der Größenabnahme der Neuroblasten nur noch sehr schwach inäqual.

4. Da keine degenerierenden Zellen festgestellt werden konnten, muß angenommen werden, daß die Neuroblasten zu normalen Ganglienzellen werden.

5. Die Anordnung der entstehenden Neuroblasten läßt verschiedene Zentren erkennen, welche den aufgrund embryologischer Untersuchungen gewonnenen Vorstellungen von der segmentalen Gliederung dieses Bereiches entsprechen. Es sind im einzelnen ein großer archicerebraler Bereich (außer der Anlage der beiden ersten optischen Ganglien), zwei präantennale Zentren, ein antennales Zentrum und ein tritocerebrales Zentrum, von welchem bei *Carausius* eine weit frontal gelegene Gruppe abgetrennt ist.

6. Die voll aktiven Neuroblasten des Protocerebrum sind in 8 Gruppen unterteilt, wovon 3 im zweiten, eine im dritten und 4 im vierten Protocerebrallobus liegen.

7. Von den optischen Ganglien werden die beiden äußeren schon sehr früh getrennt angelegt. Durch komplizierte Wachstumsvorgänge, bei

denen keine inäqualen Teilungen beobachtet werden konnten, erhalten sie ihre spätere Form und Lage. Das 3. optische Ganglion entsteht erst später im lateralen Teil des 2. Protocerebrallobus, von wo es in die Fasermassen des Lobus opticus einwandert.

8. Die Pilzkörperglobuli entstehen bei beiden Arten aus zwei auf spätem Stadium versenkten Neuroblastenanhäufungen. Bei *Periplaneta* tritt eine zweite Neuroblastengeneration auf. Bis zum Schlüpfen der Larve wird bei *Carausius* die Doppelnatur der Pilzkörper durch Fusion und Beendigung der Neuroblastentätigkeit zurückgebildet. In der Anlage und Weiterentwicklung der Faserteile bestehen zwischen den beiden Arten deutliche Unterschiede.

9. Hochentwickelte becherförmige Pilzkörper entstehen durch Versenkung ihrer Teilungszentren in die Globulimassen und durch lang anhaltende Zellproduktion.

Die Corpora pedunculata der Insekten sind phylogenetisch vermutlich aus zwei Globuligruppen entstanden. Eine Rückbildung von Anlagen konnte nicht beobachtet werden.

10. Aus den medianen Zentren entstehen die neurosekretorische Pars intercerebralis, die Brücke, Teile des Zentralkörpers und die Nebenlappen, welche sich gesondert entwickeln.

11. Die Ocellen von *Periplaneta* entstehen im Bereich der 4. Protocerebralloben. Die Nerven dringen in diese Gehirnteile ein.

12. Der 4. Protocerebrallobus stellt wahrscheinlich das Ganglion eines präantennalen Segmentes dar. Die Anlage zweier Zentren in diesem Bereich wird auf frühzeitige Differenzierung zurückgeführt.

13. Die Gruppierung der Neuroblasten im Deuto- und Tritocerebrum zeigt Ähnlichkeiten, die den segmentalen Charakter beider Ganglien unterstreichen.

Summary

1. The neuroblasts arise by equal division of neuroblast-mothercells in structures of the ectodermal layer, which are called "neurogene Gruppen". The other cells of these structures become dermatogenous.

2. The neuroblasts proliferate columns of daughtercells by inequal divisions. Daughtercells divide equally, producing two ganglion cells. Their spindel axes are directed at right angles to those of the neuroblasts.

3. In the course of development the neuroblasts increase in volume. Only in the last stages of proliferation, the volume is reduced again. The produced daughtercells get smaller during the first three divisions, while the degree of inequality rises quickly. Then the volume is constant for a long time, increasing only finally, reaching almost that of the neuroblasts. The degree of inequality, previously reaching a maximum of $1:9$, is therefore only small in the last stages.

4. During embryonic development no degenerating cells or nuclei could be observed. It may be supposed therefore all neuroblasts to become ganglion cells finally.

5. The appearing neuroblasts in the head region are seen to form some centers, according to the head segmentation in many other arthropod embryos. These are: A great archicerebral region (besides the optic ganglia), two praeantennal centers, an antennal and a tritocerebral center. In *Carausius* a separated frontal neuroblast also belongs to the tritocerebral center.

6. In later stages the protocerebral neuroblasts arrange in eight groups: three in the second, one in the third and four in the fourth protocerebral lobe.

7. The first two optic ganglia appear very early and are separated from the very beginning. They reach their later shapes and positions by complicated processes. There are no inequal divisions in the optic ganglia. The third optic ganglion originates in the lateral part of the second protocerebral lobe, from where it moves into the fibers of the optic lobe.

8. The globuli of the mushroom bodies arise in both species from two groups of neuroblasts, later submerged into the cellmasses. *Periplaneta* shows a second generation of neuroblasts in the corpora pedunculata. The doubleness of *Carausius'* mushroom bodies disappears by fusion in later stages until the hatching of the larva. The beginning and development of the fibers are different in both species.

9. Highly differentiated, calyx-like mushroom bodies are formed by submersion of their dividing neuroblasts and by continuous cell production. It may be supposed, that the corpora pedunculata of the insects, phylogenetically took their source from two groups of globuli-cells. No reduction could be observed during embryogenesis.

10. From the median centers develop: The pars intercerebralis, the pons cerebri, parts of the central body and the median lobes (Nebenlappen), whose origin is separated.

11. The ocelli of *Periplaneta* arise in the region of the fourth protocerebral lobe. Their nerve fibers invade that part of the brain.

12. The fourth protocerebral lobe most probably embodies the ganglion of a praeantennal metamer. The existence of two centers in this region is explained by early differentiation.

13. There are analogies in the arrangement of neuroblasts in the deuto- and tritocerebrum, which may be an evidence of the segmental nature of these ganglia.

Literatur

BADEN, V.: Embryology of the nervous system in the grasshopper, *Melanoplus differentialis*. J. Morph. **60**, 159—190 (1936).

BALDUS, K.: Untersuchungen über Bau und Funktion des Gehirns der Larve und Imago von Libellen. Z. wiss. Zool. **121**, 557—620 (1924).

BAUER, V.: Zur inneren Metamorphose des Zentralnervensystems der Insekten. Zool. Jb., Abt. Anat. u. Ontog. **20**, 123—150 (1904).

BIERBRODT, E.: Der Larvenkopf von *Panorpa communis* und seine Verwandlung mit besonderer Berücksichtigung des Gehirns. Zool. Jb., Abt. Anat. u. Ontog. **68**, 49—136 (1942).

BOTT: Beiträge zur Kenntnis von *Gyrinus natator substriatus*. Z. Morph. Ökol. Tiere **10**, 207—306 (1928).

BRETTSCHNEIDER, F.: Der Zentralkörper und die pilzförmigen Körper im Gehirn der Insekten. Zool. Anz. **41**, 560—569 (1913).

BUTT, F. H.: Head development in the arthropods. Biol. Rev. **35**, 43—91 (1960).

GOLL, W.: Strukturuntersuchungen am Gehirn von *Formica*. Z. Morph. Ökol. Tiere **59**, 143—210 (1967).

HANSTRÖM, B.: Vergleichende Anatomie des Nervensystems der wirbellosen Tiere. Berlin 1928.

— Inkretorische Organe, Sinnesorgane und Nervensystem des Kopfes einiger niederer Insektenordnungen. Stockholm 1940.

HEYMONS, R.: Die Embryonalentwicklung von Dermapteren und Orthopteren unter besonderer Berücksichtigung der Keimblätterbildung. Jena 1895.

HINKE, W.: Das relative postembryonale Wachstum der Hirnteile von *Culex pipiens*, *Drosophila melanogaster* und *Drosophila*-Mutanten. Z. Morph. Ökol. Tiere **50**, 81—118 (1961).

HOLMGREN, N.: Zur vergleichenden Anatomie des Gehirns von Polychaeten, Onychophoren, Xiphosuren, Arachniden, Crustaceen, Myriapoden und Insekten. Kgl. Svenska Vet.-Akad. Handl. **56**, 1—303 (1916).

IBRAHIM, M. M.: Grundzüge der Organbildung im Embryo von Tachycines (*Insecta*, *Saltatoria*). Zool. Jb., Abt. Anat. u. Ontog. **76**, 541—594 (1958).

KIETZ, D.: Untersuchungen über die Ontogenese der Corpora pedunculata bei *Apis mellifica* L. Wiss. Z. Martin-Luther-Univ. Halle-Wittenberg, math.-nat. Reihe **9**, 239—246 (1960).

KÜHNLE, K.: Vergleichende Untersuchungen über das Gehirn, die Kopfnerven und die Kopfdrüsen des gemeinen Ohrwurms (*Forficula auricularia*). Jena Z. Naturw. **50**, 147—246 (1913).

LEUZINGER, H., R. WIESMANN u. F. E. LEHMANN: Zur Kenntnis der Anatomie und Entwicklungsgeschichte der Stabheuschrecke (*Carausius morosus* Br.). Jena 1926.

LUCHT-BERTRAM, E.: Das postembryonale Wachstum von Hirnteilen bei *Apis mellifica* L. und *Myrmeleon europaeus* L. Z. Morph. Ökol. Tiere **50**, 543—575 (1962).

MANTON, S. M.: Concerning head development in the arthropods. Biol. Rev. **35**, 265—282 (1960).

MATSUDA, R.: Morphology and evolution of the insect head. Mem. Amer. Entomol. Inst., No 4, Michigan USA 1965.

NEDER, R.: Allometrisches Wachstum von Hirnteilen bei drei verschieden großen Schabenarten. Zool. Jb., Abt. allg. Zool. u. Physiol. **77**, 411—464 (1959).

Panov, A. A.: Bau des Insektengehirns während der postembryonalen Entwicklung. III. Sehlappen. [Russ. m. dtsch. Zus.fass.] Ent. Obozr. (Moskau) **39**, 86—105 (1960a).

— Entstehung der Neuroblasten, der Zellen des Neurilemma und der Neuroglia im Gehirn der Raupe von *Antheraea pernyi* Guer. [Russ.] Dokl. Akad. Nauk SSSR (Moskau) **132**, 689—692 (1960b).

— The growth of ganglia in the central nervous system of *Antheraea pernyi* Guer. (Lepidoptera) during its individual development. [Russ. m. engl. Zus.fass.] Zool. Zhurn. (Moskau) **40**, 694—706 (1961).

— Entstehung und Schicksal der Neuroblasten, Neuronen und Neurogliazellen im Zentralnervensystem von *Antheraea pernyi Guer.* (Lepidoptera, Attacidae). [Russ. m. dtsch. Zus.fass.]. Ent. Obozr. (Leningrad) **42**, 337—350 (1963).

Pflugfelder, O.: Vergleichend-anatomische, experimentelle und embryologische Untersuchungen über das Nervensystem und die Sinnesorgane der Rhynchoten. Zoologica **34**, 1—102 (1936).

— Die Entwicklung der optischen Ganglien von *Culex pipiens*. Zool. Anz. **117**, 31—36 (1937).

— Entwicklung von *Paraperipatus amboinensis* n.sp. Zool. Jb., Abt. Anat. u. Ontog. **69**, 443—492 (1948).

Roonwal, M. L.: Studies on the embryology of the African migratory locust, *Locusta migratoria migratorioides* Reiche und Frm. (Orthoptera, Acrididae). II. Organogeny. Phil. Trans. **227**, 157—244 (1937).

Scholl, G.: Embryologische Untersuchungen an Tanaidaceen (*Heterotanais oerstedi*). Zool. Jb., Abt. Anat. u. Ontog. **80**, 500—554 (1963).

— Die Kopfentwicklung von *Carausius* (= *Dixippus*) *morosus*. Zool. Anz. **28**, Suppl. (Verh. Dtsch. Zool. Ges. Kiel), 580—596 (1964).

Schrader, K.: Untersuchungen über die Normalentwicklung des Gehirns und Gehirnexplantationen bei der Mehlmotte *Ephestia kühniella* Zeller. Biol. Zbl. **58**, 52—90 (1938).

Siewing, R.: Zum Problem der Arthropodenkopfsegmentierung. Zool. Anz. **170**, 429—468 (1963).

Snodgrass, R. E.: Facts and theories concerning the insect head. Smiths. Miscell. Coll. **142** (1960).

Strindberg, H.: Embryologische Studien an Insekten. Z. wiss. Zool. **106**, 1—227 (1913).

Thomas, A. J.: The embryonic development of the stick-insect *Carausius morosus*. Quart. J. micr. Sci. **78**, 487—511 (1936).

Ullmann, S. L.: The development of the nervous system and other ectodermal derivatives in *Tenebrio molitor* L. (Insecta, Coleoptera). Phil. Trans. B **252**, 1—25 (1966).

Umbach, W.: Entwicklung und Bau des Komplexauges der Mehlmotte *Ephestia kühniella* Z. nebst einigen Bemerkungen über die Entstehung der optischen Ganglien. Z. Morph. Ökol. Tiere **28**, 561—594 (1934).

Viallanes, M. H.: Sur quelques points de l'histoire du développement embryonaire de la mante religieuse (*Mantis religiosa*). Rev. Biol. Nord France **2**, 479—488 (1890).

Wada, S.: Analyse der Kopf-Halsregion von *Tachycines* (Saltatoria) in morphogenetische Einheiten I und II. Zool. Jb., Abt. Anat. u. Ontog. **83**, 185—326 (1966).

— Topographie der Anlagenkomplexe der Cephalregion von *Tachycines* (Saltatoria) beim Keimstreif. Naturwissenschaften **53**, 414 (1966c).

Weber, H.: Morphologie, Histologie und Entwicklungsgeschichte der Articulaten. Fortschr. Zool. **9**, 18—231 (1952).

Weygoldt, P.: Die Embryonalentwicklung des Amphipoden *Gammarus pulex pulex* (L.). Zool. Jb., Abt. Anat. u. Ontog. **77**, 51—110 (1958).

— Beitrag zur Kenntnis der Ontogenie der Decapoden: Embryologische Untersuchungen an *Palaemonetes varians*. Zool. Jb., Abt. Anat. u. Ontog. **79**, 223—270 (1961).

Wheeler, W. M.: The embryology of *Blatta germanica* and *Doryphora decem lineata*. J. Morph. **3**, 291—386 (1889).

— Neuroblasts in the arthropods embryo. J. Morph. **4**, 337—343 (1891).

— A contribution to insect embryology. J. Morph. **8**, 1—160 (1893).

Dr. Peter Malzacher
bei Firma Lieder
7140 Ludwigsburg, Solitudeallee 59

Universitätsdruckerei H. Stürtz AG Würzburg